減糖質、抗氧化的最佳選擇

健康百變冰塊

做好番茄冰和洋蔥冰，
料理、調味隨時都好用！

烹飪專家・營養師 村上祥子 著

譯者｜婁愛蓮

洋蔥冰的作法

製作洋蔥冰只有四個步驟。就算是頭一次做也不會出錯。

將根的部份挖掉

1 洋蔥四顆（1公斤左右）去皮，將頭切除，
將根部用菜刀挖掉。

※ 不論是新玉蔥、紫洋蔥、白洋蔥還是小洋蔥都可以使用。

將步驟 1 的四顆洋蔥裝進微波專用塑膠袋裡。不要封口，
用耐熱皿裝好，放進 600 瓦的微波爐裡加熱二十分鐘。

※ 如果將袋口封緊會破掉，所以千萬不可以把袋口封起來。
※ 600瓦微波爐的加熱時間。
　　……洋蔥　　三顆→15分鐘　　兩顆→10分鐘　　一顆→5分鐘
※ 可以使用的塑膠袋種類，以及不使用微波爐的作法參考第124頁。

2
★★

塑膠袋不可以封口

★★★

3

將步驟 2 的洋蔥連同湯汁一起放進果汁機裡，
加入 200 毫升的水，按下開始鍵！

※ 1 添加的水量
　　………洋蔥　三顆→150毫升　　兩顆→100毫升　　一顆→50毫升
※ 2 不使用果汁機的作法參考第124頁。

攪成泥後將果汁機關掉。
放涼後倒入製冰盒裡，蓋上蓋子放進冷凍庫裡。

4
★★★★

※ 在使用前預先量好製冰盒一格的容量是多少，在料理時就會方便許多。
  本書使用的製冰盒一格的容量是25毫升（洋蔥冰大約是25克）。

◆ 保存的方法有兩種

A. 製成冰塊後用保鮮袋保存。　　　B. 不製成冰塊，用保鮮盒保存。

製冰盒完全結成冰塊後取出
來，裝入附有夾鏈的密封袋裡
放進冷凍庫。大約可保存兩個
月的時間。

不製成冰塊，直接將洋蔥泥冷
藏保存也可以。大約可以保存
十天左右。烹調時的使用分
量，一大匙約12.5克的量。

番茄冰的作法

因為是使用經過加熱處理的整顆番茄罐頭，番茄冰的製作一下子就完成。

將番茄加熱後
裝進罐頭裡。

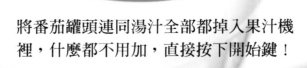

1 將番茄罐頭連同湯汁全部都掉入果汁機裡，什麼都不用加，直接按下開始鍵！

※ 整顆番茄罐頭是用熟透的番茄加熱去皮製成的。全部用番茄汁醃漬。
　一罐是400毫升，約400克。照片中使用了三罐。

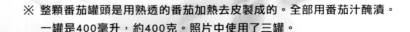

2

攪拌到光滑沒有結塊之後將果汁機關掉。
倒入製冰盒裡，蓋上蓋子放進冷凍庫裡。

※ 在使用前預先量好製冰盒一格的容量是多少，料理時就會方便許多。
　本書使用的製冰盒一格的容量是25毫升（番茄冰大約是25克）。

◆ **保存的方法有兩種**

A. 製成冰塊後用保鮮袋保存。 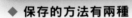　　B. 不製成冰塊，用保鮮盒保存。

製冰盒完全結成冰塊後取出
來，裝入附有夾鏈的密封袋裡
放進冷凍庫。大約可保存一個
月的時間。

不製成冰塊，直接將番茄泥冷
藏保存也可以。大約可以保存
十天左右。烹調時的使用分
量，一大匙約12.5克的量。

Contents

洋蔥冰與番茄冰

Part 1　洋蔥和番茄是最佳組合　24

保護大腦遠離自由基的危害，讓頭腦永遠靈光。

Part 2　「洋蔥冰」X「番茄冰」的食譜　48

Part 3 「洋蔥冰」食譜 72

● 本書使用說明

1　1杯的份量是200毫升（200cc），1大匙是15毫升（15cc），1小匙是5毫升（5cc）。

2　微波爐是電力600瓦的微波爐。如果是500瓦或700瓦的微波爐，請參照第125頁的加熱時間自行增減。因為機型不同加熱的程度也不一樣，所以請視狀況調整。

3　如果沒有特別標示，料理的食材都是兩人份的份量。

4　如果沒有特別標示，料理的熱量、鹽分以及膳食纖維含量都是一人份的量。

5　1顆洋蔥冰或1顆番茄冰的用量都是25克（25毫升）。請依據自家製冰盒的尺寸酌量加減。

why "ICE" ?

為何要做成 冰塊 呢？

我們都知道「攝取蔬菜是很重要的事」，但蔬菜卻是種費工的食材。首先一定要清洗乾淨。再者，有些蔬菜雖能生吃，但大多數的蔬菜都得先用菜刀切過，事先處理一番。而且每次要吃都要再重新進行一次。如果有什麼只要想吃就能簡單吃到的方法，攝取蔬菜的頻率應該就會增加許多吧？而且如果能夠做得好吃就更棒了。

於是，我想到要做成「冰塊」。食物經過加熱會讓味道變成圓潤，美味更為濃醇。用果汁機攪碎後做菜時加入即可，簡單方便。如果放進冷凍庫裡保存，不論何時只要想吃就吃得到。這麼一來，蔬菜就像速食一樣，變成了「簡單」的食材。本書要介紹蔬菜中有益健康、任何料理都能輕鬆搭配的洋蔥冰和番茄冰，以及用它們做成的料理食譜。

洋蔥冰塊〈 作法 → 第2頁 〉

洋蔥+番茄的混合冰塊　※

番茄冰塊〈 作法 → 第6頁 〉

※ 混合冰塊中洋蔥和番茄的比例可依喜好自由搭配。

◆ 烹調時可以輕輕鬆鬆計算份量

省去每次做菜都要計算洋蔥或番茄份量的麻煩。只要預先做成一顆25公克的冰塊，不但使用方便、省下計量的工夫，連攝取多少也可一清二楚。洋蔥的攝取量請以一天50克（兩個冰塊）為目標。

◆ 增添美味，也可達到減鹽效果

加熱過的食物攪碎、做成冰塊後，可以充份地和其他食材混合。因為洋蔥和番茄裡都含有大量名為麩醯胺酸（Glutamine）的美味成份，所以在烹調時可以減少鹽或糖等調味料的用量。

 製成**冰塊**就是這麼方便‼

◆ 冷凍庫塞不下也能保存

如果冷凍庫沒地方放，也不一定要做成冰塊，找個有蓋的容器裝好放在冷藏室保存即可。放一個禮拜沒有問題。一大茶匙大約等於二分之一個冰塊的量。不需解凍，可以像調味料一樣直接拿來使用。

◆ 用具不齊全也沒關係

做成冰塊要用到微波爐和果汁機來處理，但如果少了其中一樣，或是兩樣都缺也無妨。這種情況的詳細處理方法請參照第125頁。

◆ 可以一次多做一些保存

如果預先多做些量來存放，洋蔥冰放冷凍庫的保存期限大約是兩個月，番茄冰大約是一個月，當要用的時候，隨時可以取出需要的量，輕鬆方便。如果是生的洋蔥或番茄，沒用完部份留起來只會加速腐壞，白白浪費掉。

◆ 沒在做菜的人也能很快學會

將整顆洋蔥放入微波爐加熱後，用果汁機攪碎，做成冰塊。如果是番茄，連自己加熱的手續都省了。一點都不困難，不論是誰都能做好，不會出錯。

洋蔥、番茄變身冰塊就是這麼方便簡單。
不論是一日三餐或是點心時間，甚至是喝茶的時候，只要想到就拿來用一下吧！

● 解凍的使用場合

要加進溫熱的食物、飲品或者做成調味料、醬汁，還是和其他調味料一起混合使用的時候，用微波爐將冰塊解凍後使用。

＜微波爐的加熱時間＞
冰塊一個（25克）……30秒
冰塊兩個（50克）……60秒
冰塊三個（75克）……90秒

※整以上時間適用於電力600瓦的微波爐。如果是500瓦、700瓦的微波爐，請參照第125頁，自行調整加熱的時間。

● 部份解凍的使用場合

要加進冰涼的食物或飲品，為了保冰，冰塊不需完全解凍，只要部份解凍即可。這時請選擇微波爐的「弱」或「解凍」鍵。

＜微波爐「弱」、「解凍」鍵的加熱時間＞
冰塊一個（25克）……30秒
冰塊兩個（50克）……60秒
冰塊三個（75克）……90秒

※以上時間適用於電力600瓦的微波爐。如果是500瓦、700瓦的微波爐，請參照第125頁，自行調整加熱的時間。

和什麼都搭!! 洋蔥冰 X 番茄冰

因為都是冰塊,所以可以輕易溶解。因為都有加熱過,所以味道圓潤順口。這兩種冰塊和您平日常吃的食物配在一起幾乎都是意想不到地搭。不論是自己做的料理,或是外面買的小菜,請盡情使用,擺脫蔬菜攝取不足的飲食習慣。

例:1　溶入「牛乳」中。

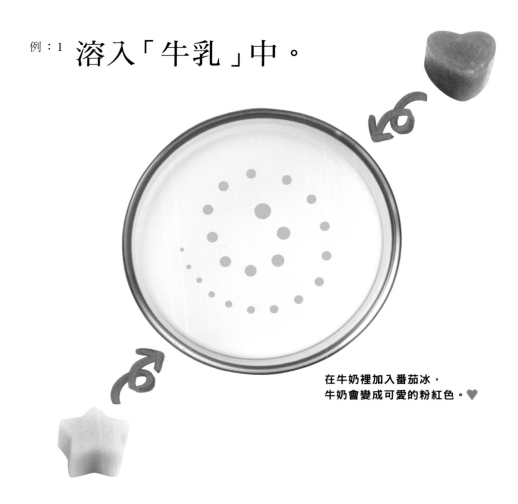

在牛奶裡加入番茄冰,
牛奶會變成可愛的粉紅色。♥

※ 除此之外也可以加入紅茶、巧克力、果汁、冰沙、青汁……等等的各類飲料中。

例：2 拌「納豆」。

拌納豆要部份解凍（→第17頁）。

※ 除此之外也可以加入涼拌豆腐或湯豆腐這類的豆類食品、涼拌或炒牛蒡絲等等的各種小菜裡。

和什麼都搭‼ 洋蔥冰 × 番茄冰

想要簡單解決一餐的時候，
也可以靠洋蔥冰和番茄冰攝取到均衡的營養，真好。

例：3 ## 加入「雞蛋拌飯」裡。

**加進溫熱的白飯裡，
冰塊要先解凍（→第17頁）。**

※ 除此之外，也可以加入小魚乾拌飯、泡菜拌飯……等等，和白飯一起吃的任一種配菜裡。

例：4 # 加進「杯麵」裡。

兩種冰塊都加，活力加倍。

※ 除此之外也可以加入泡麵或炒麵……。還有，便利商店賣的下酒菜也可以加。

全世界最簡單的 單品料理

洋蔥和番茄含有大量名為麩醯胺酸（Glutamine）的美味成份。歐美地區經常用它們做湯。有了結成冰塊的洋蔥和番茄，每天要喝的味噌湯或湯品馬上就能輕鬆上桌。

例：1 ## 海帶豆腐「味噌湯」

在鍋裡倒入1/2杯的水，加入豆腐、洋蔥冰、日式高湯粉（顆粒），煮沸後溶入味噌，再加入海帶芽。

洋蔥冰兩塊
（50公克）

材料

豆腐	海帶芽	日式高湯粉	味噌
適量	適量	（顆粒）1/6小匙	2小匙

起司「番茄湯」

在耐熱的杯子裡放入番茄冰,再放上起司,不要包保鮮膜,用600瓦的微波爐加熱3分鐘,再用胡椒調味。

番茄冰4顆
（100公克）

材料

披薩專用起司
25公克

胡椒
少許

Part 1

洋 蔥 和 番 茄 是 最 佳 組 合

不管是味道還是外形,洋蔥和番茄怎麼看都是絕配。

事實上,它們有許多相似之處,同樣都可以達到改善氣色、提升活力的效果。

現在,我們就來介紹這兩種蔬菜共同具備的功效。

『在日常飲食中加入洋蔥冰和番茄冰。只要這麼做就可以擺脫每日蔬菜攝取不足的生活。有了蔬菜提供的能量，身體會開始動起來。』

「解決蔬菜攝取不足的問題」

這個時代到處充斥著與飲食和健康有關的資訊。「要多吃蔬菜」在現今國人之間已經成為一種共識。然而，根據統計數據，日本國民的蔬菜攝取量還是不夠，離厚生勞動省提倡的每日350克還差了100克。這時「洋蔥冰」和「番茄冰」就可派上用場。因為作法簡單而且保存容易，所以任何時候、任何料理都能輕鬆使用。這麼一來，不夠的那100克就能自然而然地補齊了。如果只有一種，100克的差額或許無法補足，但若是洋蔥冰加上番茄冰，兩種蔬菜交互運用就簡單多了。

『年輕時候的活力和美貌不再，最主要的兩大因素就是「氧化」和「糖化」。洋蔥和番茄具有超強的抗氧化力與抗糖化力。』

「防止老化」

洋蔥與番茄是最佳組合。現在要介紹它們雙方共同具備的功效。既然是雙方都有的功效，那麼搭在一起效果自然更大。首先是防止老化的抗老化力。造成老化有兩大因素，一是體內生成的，名為「自由基」的不穩定分子傷害遺傳因子或細胞的「氧化」作用，一是體內過剩的糖分子和蛋白質結合，形成促進老化物質的「糖化」作用。洋蔥和番茄可以有效地防止體內這種氧化或糖化的作用生成。

『高血糖會造成體內器官的損害，導致可怕的糖尿病。洋蔥和番茄各自含有的不同成份都可以達到降低血糖的功效。』

「高血糖」

我們日常飲食攝取的醣類，經分解後會轉變成葡萄糖，釋放在血液中。這時胰臟會分泌「胰島素」，使葡萄糖進入細胞作為能量來源，供各個器官使用。然而，一旦胰島素的功用無法充份發揮時，血液中的葡萄糖含量就會升高。這種高血糖狀態一直持續超出一定標準的情況就是糖尿病。洋蔥的辛辣成份可以降低血糖，洋蔥的刺鼻成份、氨基酸以及番茄的紅色色素可以促進胰島素分泌。此外，番茄的酸和糖分一起攝取可以干預葡萄糖的代謝，防止血糖生成過剩。

◆ 洋蔥
辛辣成份…… 丙基硫化物（propyl sulfide）
刺鼻成份…… 硫化烯丙基（allyl sulfide）
氨基酸…… 穀胱甘肽（Glutathione）
◆ 番茄
紅色色素…… 茄紅素（lycopene）
酸味成份…… 檸檬酸（citric acid）

『可以淨化血液，增進血管的柔韌與彈性。避免發生血栓、血管阻塞這類危及生命的危險疾病。』

「高血壓」

用水管灑水的時候，如果水管裡有泥水混入，水流就無法順暢，如果水管的內壁淤積了泥沙，水的流動就會更加受到阻礙。因為承受這些負荷，水管最後會變得殘破不堪。高血壓就和這種情況類似。血液中的脂肪或膽固醇如果過多會讓血液變得濃稠，阻礙了血液的流動，造成血管的負荷。洋蔥含有的刺鼻成份可以分解血液中的脂肪，讓血液淨化。它也可以有效地幫助血管擴張，維持血管的柔韌與彈性。此外，番茄的紅色色素可以防止血液中的膽固醇氧化，預防血管栓塞。

◆洋蔥
刺鼻成份………異蒜氨酸（isoalliin）、異硫氰酸酯（Isothiocyanate）、硫代亞磺酸酯（thiosulfinates）
◆番茄
紅色色素…………茄紅素（lycopene）

『預防日本人的第一死因——癌症。具有強大的抗氧化力，可以有效防止不穩定的自由基傷害遺傳因子，進而致使細胞癌化。』

「癌」

日本人死亡原因第一名的癌症就是細胞遺傳因子不斷變異、分裂、增生而形成的。要預防癌症的發生，最基本的做法就是飲食均衡。造成遺傳因子發生變異的情況有許多，其中之一就是遭受自由基的攻擊。洋蔥和番茄都擁有卓越的抗氧化力，可以讓自由基安定下來。洋蔥裡含有的礦物質以及番茄裡含有的黃色色素都是著名的抗氧化物。此外，洋蔥氣味刺鼻辛辣的成份具有抗癌效果也是眾所周知。再者，番茄那些紅色和黃色的色素也有強大的抗氧化力。豐富的維生素 E 也有抗氧化的功效。

◆ 洋蔥
礦物質……硒（selenium）
黃色色素……槲皮素（quercetin）
刺鼻辛辣成份群……異蒜氨酸（isoalliin）、
硫代亞磺酸酯（thiosulfinates）
◆ 番茄
紅色黃色色素群……茄紅素（lycopene）、
β-胡蘿蔔素（β-carotene）

『消除紫外線產生的自由基。它的抗氧化功效可以阻止美白的大敵——麥拉寧黑色素過度生成。』

「美白」

日常生活中，我們難免都會曝露在紫外線的照射下。因為紫外線會產生自由基，所以肌膚會製造麥拉寧色素來抵抗自由基的危害。一旦照射過多的紫外線，麥拉寧色素過度生成，就會變成黑斑或雀斑。此外，一旦肌膚反反覆覆不時地曝曬在紫外線下，在某個時間點麥拉寧色素會像炸彈爆發一樣突然間整個冒出來，形成又深又大的斑點。番茄的紅色色素再加上洋蔥的黃色色素和氨基酸可以消除因紫外線形成的自由基，抑制麥拉寧色素的生成。

◆ 洋蔥
黃色色素……槲皮素（quercetin）
氨基酸（amino acid）……穀胱甘肽（Glutathione）
◆ 番茄
紅色色素……茄紅素（lycopene）

"

『每天食用這兩種冰塊可以提升食物纖維的攝取量。洋蔥的甜味成份可以促進腸道內益生菌的增長，常保腸道健康，從此不再便祕。』

「腸道環保」

三天以上沒有排便的「便祕」不可輕忽。停
留在大腸裡的糞便時間久了會腐壞，產生致
癌物質。此外，因腐敗而生成的有害物質會
隨著血液擴散至肌膚細胞裡，對美容也是一
大傷害。要消除便秘必須仰賴膳食纖維，而
洋蔥裡的膳食纖維含量每100克約有1.6克，整
顆番茄罐頭100克中也有1.3克，所以每天食用
洋蔥冰和番茄冰可以有效提升膳食纖維的攝
取量。還有，洋蔥裡的甜味成份可以提供腸
道內乳酸菌和比菲德氏菌（Bifidus）所需的養
分。有了這些養分就可以刺激這些統稱為益
生菌的好菌增長、活化，自然就可以預防、
改善便秘的情況。

◆ 洋蔥
甜味成份……寡糖

『女性尤其要特別留意，努力維持骨骼的強健。若想將來不受骨質疏鬆症所擾，可以攝取洋蔥和番茄幫助身體吸收製造骨骼的原料，延緩骨質疏鬆的情況發生。』

「骨密度」

人體骨骼的密度在三十歲到達顛峰，之後開始逐年減少。骨骼的保健一定要從日常生活中做起。骨骼會持續不斷地進行新陳代謝，汰舊換新。骨密度會變得疏鬆，就是骨骼生成的速度趕不上汰舊的速度所致。因此，身體要充分補充製造骨骼的原料──鈣。洋蔥的刺鼻成份可以幫助鈣質的吸收，而洋蔥和番茄裡的類黃酮（flavonoids）以及番茄裡的紅色色素具有延緩骨密度下降的功效。此外，番茄裡的紅色色素可以抑制破壞骨骼的細胞增生，維持骨骼密度。

◆ 洋蔥
刺鼻成份……異蒜氨酸（isoalliin）
類黃酮（flavonoids）……槲皮素（quercetin）
◆ 番茄
類黃酮（flavonoids）……槲皮素（quercetin）
紅色色素……茄紅素（lycopene）

『大家都希望自己的腦袋可以永遠靈光，思考敏捷。想要永遠做自己，永遠保持活力充沛，就讓抗氧化力保護大腦遠離自由基的危害。』

「學習、記憶力」

最佳組合共同擁有的抗氧化力是健康或美容
都不可或缺的要素，但事實上我們的大腦更
少不了它。大腦是全身上下耗氧量最多的器
官。它容易生成自由基，也容易受到自由基
的危害。人類隨著年齡增長學習力和記憶力
會逐漸退化，其中一個因素就是腦部因為自
由基的作用產生了氧化的現象。平日多食用
洋蔥冰和番茄冰這兩種搭配組合可以讓身體
攝取到大量的抗氧化物質。而且它們豐富的
美味成份事實上也肩負著大腦神經細胞之間
情報傳導的重責大任。

◆ 洋蔥 ◆ 番茄
抗氧化物質……硒（selenium）、槲皮素（quercetin）、茄紅素（lycopene）、
穀胱甘肽（Glutathione）、β-胡蘿蔔素（β-carotene）、維生素 E
美味成份……麩醯胺酸（glutamine）

Onion

※異蒜氨酸（isoalliin）容易溶解於水中，泡在水裡就失去效用了，
所以做成洋蔥冰塊的確是最好的吃法。

洋蔥的硫化合物

擁有獨特的刺鼻氣味，發揮獨特的功效

★ 會讓人在烹調過程中淚流不止的食材，在蔬菜之中就屬洋蔥了。這種刺鼻氣味其實就是被稱為「硫化合物」的多種成份。硫黃這個成份在溫泉的場合裡眾所周知，但其實它也是身體不可或缺的礦物質，尤其和毛髮、指甲以及肌膚的健康息息相關。和這個硫黃連結在一起的成份就是「硫化合物」。除了洋蔥之外，大蒜、韮菜、青蔥等等氣味強烈刺鼻的蔬菜都含有豐富的硫化合物。其中，洋蔥的「硫化合物」含量豐富，種類多樣。所以洋蔥被喻為是「食物中的萬靈藥」。這裡要向大家介紹的，是洋蔥所含硫化合物中功效最為顯著的「異蒜氨酸（isoalliin）」。

★ 這個成份可以讓血管不易阻塞，讓血液流動順暢。它不只能保護血管、血液的健康，還可以讓血液流通至身體各處，使手腳暖和，減緩手腳冰冷的症狀。此外，「異蒜氨酸」（isoalliin）也可以幫助身體吸收被稱之為「神經維生素」的維生素 B_1。和維生素 B_1 含量豐富的豬肉、大豆、玄米一起食用，可以舒緩焦慮的情緒，讓人快速進入夢鄉，一覺到天亮。

強烈刺鼻的氣味有助於美容！

每天生活愉悅暢快！

Tomato

※因為茄紅素（lycopene）不易溶於水中，所以最好
用油烹調，或是和牛奶一起食用。

※日本可果美股份有限公司綜合研究所的稻熊隆博
博士（現任帝塚山大學教授）致力於番茄的研究，
他曾經調查過村上祥子介紹的番茄冰有多少「茄紅
素」可以為人體吸收。調查結果發現，即使製成冰
塊，「茄紅素」也不會因此遭到破壞，身體吸收到
的「茄紅素」與整顆番茄罐頭的量相等。

番茄的茄紅素

善用紅色色素的抗氧化力

♥番茄呈現深紅色是因為它含有豐富的「茄紅素」色素。「茄紅素」有卓越的抗氧化力，對健康或美容養顏都很「有效」，這已經是眾所周知的事。

♥村上祥子介紹的番茄冰不是用生番茄，而是用經過加熱處理的整顆番茄罐頭製作。一般生吃的番茄呈現的外觀是粉紅色，而專門栽培做為加工用途的番茄則為深紅色，茄紅素的含量也較豐富。

♥食物的營養再豐富，如果吃了身體吸收不了也是徒勞無功。「茄紅素」存在於番茄的細胞內部，如果不破壞細胞使其釋出，身體是無法吸收的。番茄不論是直接生吃或是用果汁機攪碎了吃，它的細胞都無法被破壞。想要破壞它的細胞、讓茄紅素釋放出來方便身體吸收，就要經過加熱。再者，攪碎也是必要的程序。現在，加熱的手續由罐頭代勞，我們只要將它用果汁機攪碎製成冰塊即可。經過這些程序，豐富的「茄紅素」就能輕易地被身體充份吸收。

食物中的營養成份能否被身體吸收，比起含量多寡更為要緊。

罐頭番茄比生番茄更有效果！！

47

●一日所需的冰塊數量

〔洋蔥冰〕

2 顆

洋蔥的目標攝取量是一天50克。如果一顆冰塊25克，那麼一天兩顆就OK了。

〔番茄冰〕

5 顆

為了達到抗老化和美容養顏的功效，茄紅素要以方便身體吸收的方式攝取（參考第47頁），若想攝取一天15毫克的茄紅素，換算成冰塊就是一天5顆（一顆25克）的量。

＊保存冰塊時，最要緊的就是將密封袋內的空氣擠乾淨，盡可能避免冰塊和空氣接觸。茄紅素一旦長時間接觸空氣會氧化變白，效果也會大打折扣。

Part 2

「洋蔥冰」X「番茄冰」的食譜

洋蔥和番茄。把它們分別製成冰塊一起使用，不論何時都可以輕鬆享受
兩種蔬菜譜出的奧妙協奏。
希望大家能從下面介紹的十種食譜中得到啟發，進而發掘更多活用兩種冰塊的方法。

西班牙海鮮飯

米飯充份吸收了洋蔥和番茄的美味。

1人份_325卡　鹽分_1.9克　膳食纖維_1.7克

〔材料〕2人分

米 ⋯⋯⋯⋯⋯⋯⋯100克

A）

　月桂葉⋯⋯⋯⋯⋯1片

　鮮雞粉（顆粒）⋯1/2小匙

　番紅花⋯⋯⋯⋯1/4小匙

　鹽⋯⋯⋯⋯⋯⋯1/5小匙

　水⋯⋯⋯⋯⋯⋯180毫升

洋蔥冰⋯⋯⋯⋯2顆（50克）

番茄冰⋯⋯⋯⋯2顆（50克）

雞胸肉（去皮）⋯⋯50克

蛤蜊⋯⋯⋯⋯⋯⋯100克

蝦仁⋯⋯⋯⋯⋯⋯50克

墨魚⋯⋯⋯⋯⋯⋯50克

甜椒（紅色）⋯⋯⋯20克

四季豆⋯⋯⋯⋯⋯20克

橄欖油 ⋯⋯⋯⋯⋯2小匙

蒜頭⋯⋯⋯⋯⋯⋯1瓣（切成蒜末）

青豆仁（水煮）⋯⋯1大匙

義大利香芹 ⋯⋯⋯適量

檸檬（縱切成瓣）⋯2瓣

〔作法〕

1 將米洗淨、瀝乾，移至缽內，加入A和洋蔥冰、番茄冰後放置十分鐘左右。

2 將雞胸肉切成一公分立方的大小。蛤蜊連殼一起搓洗乾淨。如果蝦仁背部有泥腸，要一起清除乾淨。墨魚的腳平均切成2至3段，身體則是切成大約一公分寬度的輪狀。

3 甜椒去除蒂和籽後切成1.5公分的塊狀。四季豆去除蒂頭後切成2公分長的細絲。

4 在平底鍋裡放入橄欖油和蒜頭用中火爆香，加入步驟2的雞肉丁用大火快炒。

5 將步驟1的米放入步驟4的平底鍋裡，煮沸後加入步驟3的甜椒和四季豆，再放入蝦仁和墨魚煮沸，沸騰後蓋上鍋蓋。轉成小火燉煮約十二分鐘，之後關火燜個五分鐘左右。

6 用剪刀將青豆仁和香菜剪成碎屑，灑在步驟5中，均勻攪拌後再加入檸檬。

奶油焗烤通心粉

溶化成紅色汁液的番茄冰讓這道料理風味獨具。

1人份_335卡　鹽分_1.2克　膳食纖維_2.3克

〔材料〕2人分

通心粉 ⋯⋯⋯⋯⋯⋯40克
綠蘆筍 ⋯⋯⋯⋯⋯⋯100克
蝦仁 ⋯⋯⋯⋯⋯⋯100克
洋蔥冰 ⋯⋯⋯⋯⋯⋯2顆（50克）
　低筋麵粉 ⋯⋯⋯⋯1又1/2大匙
　奶油 ⋯⋯⋯⋯⋯⋯1大匙
　牛奶 ⋯⋯⋯⋯⋯⋯1杯
　鹽、胡椒 ⋯⋯⋯⋯各少許
番茄冰 ⋯⋯⋯⋯⋯⋯2顆（50克）
披薩專用起司 ⋯⋯⋯1小袋（25克）
洋香菜（切成碎末）少許

〔作法〕

1　將綠蘆筍的根部切掉3公分，切成3公分左右的小段，用水川燙但不要煮得太軟。

2　將通心粉用水煮熟，用濾網撈起。

3　去除蝦仁背部的泥腸。

4　將低筋麵粉過篩，放入耐熱的缽裡，加入奶油，用600瓦的微波爐加熱一分鐘使其溶解。取出後用打蛋器攪拌，慢慢加入牛奶，每次少許，直到攪拌至光滑綿密為止，之後加入洋蔥冰，包上保鮮膜用600瓦的微波爐加熱三分鐘，取出後攪拌。接著把保鮮膜拿掉，再用600瓦的微波爐加熱兩分鐘，並灑上鹽和胡椒。

5　在步驟4中加入步驟1、2、3的食材混合攪拌，移入塗有奶油的焗烤缽內，放上番茄冰，灑上起司和洋香菜。

6　用220℃的烤箱或烤麵包機強火烘烤十五分鐘，直到烤到沸騰冒泡，表面呈現焦黃色為止。

烘肉捲

洋蔥冰讓味道清爽不膩，番茄冰讓美味升級。

1人份_278卡　鹽分_0.6克　膳食纖維_2.3克

〔材料〕2人分

豬絞肉（瘦肉）……150克

洋蔥冰（解凍）……2顆（50克）

番茄冰（解凍）……2顆（50克）

水芹………………1把（50克）

A）

||麵包粉…………4大匙
||鹽、胡椒………各少許

高筋麵粉…………2小匙

沙拉油……………1小匙

＜裝飾＞

||生菜葉…………2片
||水芹……………2根

〔作法〕

1　將水芹切成細末。

2　在碗裡放入豬絞肉、洋蔥冰和番茄冰，加入步驟1的水芹細末以及A後充份混合攪拌，直到產生筋性為止。

3　塑型為9公分寬，15公分長的長條，裹上高筋麵粉。

4　平底鍋加熱後，放入沙拉油，將表面煎至焦黃後，移入耐熱的器皿內。

5　用230℃的烤箱或烤麵包機強火烘烤二十分鐘左右，直至熟透為止。

6　將步驟5的肉捲用容器裝盛後，再加入生菜葉和水芹。

※洋蔥冰和番茄冰的解凍方法參考第17頁的說明。

燉雞肉・托斯卡尼風味

兩種冰塊是燉煮料理的絕配。

1人份_359卡　鹽分_1.8克　膳食纖維_4.7克

〔材料〕2人分

雞胸肉（去皮）……200克
紫洋蔥……………………200克
　　　　　（切成1.5公分的小瓣）
蒜頭…………………………1瓣　（切成細末）
紅蔥頭（或長蔥）·40克
　　　　　（切成4等分或蔥末）
紅甜椒………………1顆
（170克/切成寬度1公分的長方形薄片）
西洋芹……………………50克
　　　　　（切成4公分長段）
洋蔥冰…………………2顆（50克）
番茄冰…………………2顆（50克）
橄欖油……………………2大匙
鹽……………………………1/2小匙
胡椒……………………少許
白酒…………………………1/2杯
洋香菜（切成細末）少許

〔作法〕

1　將雞胸肉切成4公分塊狀。

2　平底鍋中加入橄欖油加熱，加入
　雞肉舖平，蓋上蓋子用大火煎到
　四面焦黃。

3　加入洋香菜之外的所有蔬菜，連
　同洋蔥冰、番茄冰和白酒一起加
　熱，沸騰後蓋上蓋子轉至中火燉
　煮十分鐘，之後打開蓋子灑上鹽
　和胡椒，繼續熬煮至湯汁剩下原
　來的一半，然後關火。

4　用容器裝盛，灑上洋香菜。

※番茄冰的解凍方法參考第 17 頁的
　說明。

辣醬炒蛋蓋飯

製成冰塊的洋蔥和番茄襯托出雞蛋的主角地位。

1人份_380卡　鹽分_2.6克　膳食纖維_2.3克

〔材料〕2人分

雞蛋·················2顆
洋蔥冰 ··············2顆（50克）
番茄冰 ··············2顆（50克）
起司粉 ··············1大匙
鹽、胡椒···········各少許
沙拉油 ··············1大匙
A）
　薑（切成細末）·1小匙
　蒜頭（切成細末）1小匙
　伍斯特醬（英國辣醋醬油）1大匙
　豆瓣醬···········1/2小匙
　太白粉···········1/2小匙
　水·················1小匙
青豆仁（水煮）·····2大匙
白飯（溫熱）·······兩小碗（200克）

〔作法〕

1　將雞蛋打散，加入起司粉、鹽、胡椒混合攪勻。

2　將平底鍋加熱，倒入沙拉油，加入步驟1的食材，炒成炒蛋後盛起。

3　在步驟2的炒蛋中加入A、洋蔥冰和番茄冰，用火加熱，當冰塊溶化後，用溶於水中的太白粉勾芡，加入青豆仁後關火。

4　用容器裝好白飯，淋上步驟3的食材。

咖哩雞

即使用尋常料理也可以因為這兩種冰塊變得風味多樣、層次豐富。

1人份_451卡　鹽分_1.8克　膳食纖維_3.2克

〔材料〕2人分

雞胸肉 ⋯⋯⋯⋯⋯⋯100克
馬鈴薯 ⋯⋯⋯⋯⋯⋯中等大小一顆
紅蘿蔔 ⋯⋯⋯⋯⋯⋯1/2根
水 ⋯⋯⋯⋯⋯⋯⋯⋯1/2杯
洋蔥冰 ⋯⋯⋯⋯⋯⋯2顆（50克）
番茄冰 ⋯⋯⋯⋯⋯⋯2顆（50克）
咖哩塊 ⋯⋯⋯⋯⋯⋯30克（剁碎）
白飯（溫熱）⋯⋯⋯兩小碗（200克）

〔作法〕

1 將雞胸肉切成一口大小，馬鈴薯和紅蘿蔔切成滾刀塊。

2 將步驟1的食材放入耐熱缽內，加入水、洋蔥冰、番茄冰以及咖哩塊。

3 用保鮮膜大略包一下，用600瓦的微波爐加熱十二分鐘。

4 取出後混合均勻，淋到用碗盛好的白飯上。

義式香煎牛肉切片

簡單的牛肉料理醬汁，由兩種冰塊擔任主角。

1人份_239卡　鹽分_0.6克　膳食纖維_4.4克

〔材料〕2人分

牛臀肉（或是選用牛排專用的牛里肌）

……………………1塊（140克）

鹽、胡椒…………各少許

橄欖油……………2大匙

洋蔥冰……………2顆（50克）

番茄冰……………2顆（50克）

高麗菜……………2大片（200克）

花椰菜（如果沒有就用青椒）

……………………60克

紅蘿蔔……………1/2小根（50克）

　顆粒辣芥末………1/2小匙

　橄欖油……………1小匙

〔作法〕

1 將鍋內的水煮沸，將高麗菜和花椰菜川燙後取出放入冷水裡冷卻，切成方便入口的大小。

2 用起司刨絲器將紅蘿蔔刨成粗絲，切成3公分左右長度，加入顆粒辣芥末和橄欖油拌勻。

3 將牛肉塗上鹽和胡椒，在預熱過的平底鍋內倒入橄欖油，將牛肉煎到兩面適中後取出。

4 在步驟3的平底鍋裡加入洋蔥冰和番茄冰加熱，待冰塊溶化後攪拌均勻做成醬汁，直到充份混合為止。

5 將步驟3的牛肉切成薄片放在容器中，淋上步驟4的醬汁，加上步驟1和步驟2的配菜。

普羅旺斯燉菜

冷了也很美味的單品料理，靠兩種冰塊提味。

1人份_87卡　鹽分_0.9克　膳食纖維_2.2克

〔材料〕2人分
櫛瓜……………………1根（100克）
茄子……………………1小根（60克）
紅甜椒…………………1顆（30克）
洋蔥冰…………………2顆（50克）
番茄冰…………………2顆（50克）
月桂葉…………………1/4片
鹽………………………1/4小匙
胡椒……………………少許
橄欖油…………………1大匙
洋香菜（切成細末）適量

〔作法〕

1 將櫛瓜和茄子以直條方式削去外皮，切成8公釐長的圓筒狀。甜椒去籽後切成滾刀塊。

2 在耐熱缽裡放入步驟1的蔬菜，以及洋蔥冰和番茄冰，加入月桂葉、鹽、胡椒，淋上橄欖油。將食材放在舖有烤紙的盤子裡，用保鮮膜大略包一下。

3 用600瓦的微波爐加熱十分鐘後取出，加入洋香菜稍微攪拌。

海鮮冷盤

做成冰塊的洋蔥和番茄，是魚貝類的絕妙搭檔。

1人份_242卡　鹽分_1.8克　膳食纖維_1.8克

〔材料〕2人分

去頭的鮮蝦 ……………8尾
墨魚（身體部份）·100克
蛤蜊……………………100克
白酒……………………1大匙
洋蔥冰 …………………2顆（50克）
番茄冰 …………………2顆（50克）
┃水 ……………………2大匙
┃吉利丁粉 ……………1小匙
鮮雞粉（顆粒）……1/2小匙
A）
┃醋 ……………………2大匙
┃沙拉油…………………2大匙
┃水 ……………………2大匙
鹽、胡椒 ……………各少許
番茄…………………1小顆
　　　　（去掉蒂頭，縱切成瓣）
紅洋蔥 …………………中等大小1/2顆
　（切成厚度2公分的圓圈並拆解開來）
洋香菜（切成細末）少許

〔作法〕

1 在耐熱缽裡加入2大匙的水，放入吉利丁粉充分攪拌混合，放置兩分鐘。用600瓦的微波爐加熱二十秒使其溶解，再加入鮮雞粉（顆粒）混合。──加入解凍過後的洋蔥冰和番茄冰放涼，使其凝結成膠狀。

2 將A混合均勻，加入番茄和紅洋蔥。

3 取出蝦子背部的泥腸，去殼。將墨魚切出斜格花紋，再切成3x5公分的大小。蛤蜊連殼搓揉洗淨。

4 將步驟3的海鮮移至鍋內，淋上白酒，蓋上蓋子加熱。當鍋蓋的縫隙冒出蒸氣時掀開鍋蓋，確認蛤蜊已經打開後，把火關掉。

5 將步驟2的醬料加入步驟4的海鮮和湯汁，然後放涼。

6 用容器裝盛步驟5的食材，再淋上步驟1的洋蔥番茄凍，灑上洋香菜。

※洋蔥冰和番茄冰的解凍方法參考第17頁的說明。

義大利墨魚燉飯

這道料理的基底口味和獨特風味，都源自於兩種冰塊。

1人份_317卡　鹽分_1.1克　膳食纖維_1.7克

〔材料〕2人分

米 ……………………100克
橄欖油 ………………1大匙
蒜頭…………………1/2瓣（切成細末）
紅辣椒 ………………1/2根（去籽）
白酒…………………1/4杯
透抽（身體部份）·80克
　　　　　（切成5公分的長條形）
墨魚汁（市售）……1小匙
洋蔥冰 ………………2顆（50克）
番茄冰 ………………2顆（50克）
A）
　日式高湯粉 ………1/2小匙（溶解）
　熱水 ………………2杯
鹽、胡椒 ……………各少許
洋蔥冰 ………………2顆（50克）
番茄冰 ………………2顆（50克）
洋香菜（切成細末）少許

〔作法〕

1 用鍋子將橄欖油加熱，加入蒜末和辣椒爆香，香味出來後放入沒洗過的米，炒2至3分鐘後加入白酒繼續加熱，讓酒精揮發掉。

2 將透抽和墨魚汁、洋蔥冰、番茄冰，以及1杯的A加入，用中火一邊燉煮一邊攪拌均勻。

3 當湯汁快收乾時，每次分別加入1/4杯的A攪拌混合，繼續用中火燉煮。如此一直重覆，大約煮個15分鐘即可，再加入鹽和胡椒調味。

4 裝盤。分別將洋蔥冰和番茄冰放進耐熱缽裡，用600瓦的微波爐各加熱一分鐘，然後淋在燉飯上，再灑上洋香菜。

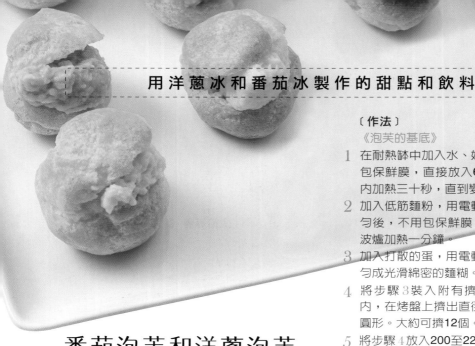

番茄泡芙和洋蔥泡芙

蔬菜和這種卡士達醬搭在一起真是絕配！

〔材料〕12顆直徑6公分的泡芙所需的量

《泡芙的基底》

| 水·················100毫升

| 奶油（有鹽）·····50克

鹽·················少許

低筋麵粉·············60克（過篩）

蛋·················2顆

《卡士達醬》

低筋麵粉·············60克（過篩）

砂糖·················2小匙

蛋黃·················2顆

牛奶·················250毫升

洋蔥冰·············2顆（50克）

番茄冰·············2顆（50克）

香草精·················少許

〔準備〕

在烤盤上舖上烤盤紙。

〔作法〕

《泡芙的基底》

1　在耐熱缽中加入水、奶油、鹽，不用包保鮮膜，直接放入600瓦的微波爐內加熱三十秒，直到變熱為止。

2　加入低筋麵粉，用電動攪拌器混合攪勻後，不用包保鮮膜，用600瓦的微波爐加熱一分鐘。

3　加入打散的蛋，用電動攪拌器充分攪勻成光滑綿密的麵糊。

4　將步驟3裝入附有擠花嘴的擠花袋內，在烤盤上擠出直徑3至3.5公分的圓形。大約可擠12個。

5　將步驟4放入200至220度的烤箱裡以中火烘烤，當膨漲成兩倍大小時將溫度調降到160度，再烤十五分鐘。之後關火，就這樣放置三十分鐘讓泡芙乾燥，然後取出放涼。

《卡士達醬》

1　在耐熱缽裡放入低筋麵粉和砂糖，用打蛋器攪拌混合。

2　加入蛋黃、1大匙牛奶、香草精，用打蛋器打成乳霜狀。

3　把剩餘的牛奶加入，稀釋溶解，用保鮮膜大略包裹後放入600瓦的微波爐加熱三分鐘。

4　取出後攪拌均勻，接著拿掉保鮮膜後再加熱三分鐘。

5　取出後將耐熱缽分成兩等份，各別加入洋蔥冰和番茄冰，用保鮮膜包一下，600瓦的微波爐各加熱一分鐘，取出攪拌至光滑綿密為止，放涼。

《裝飾》

1　在泡芙上方1/3處開個口。

2　將番茄卡士達醬和洋蔥卡士達醬放入有星形擠花嘴的擠花袋裡，然後擠入泡芙內。

番茄洋蔥雙色果凍

因為做成了冰塊，所以洋蔥和番茄
可以成為甜點的材料。

草莓雪泥佐雙色冰塊

喝的時候，隨著冰塊慢慢溶解，滋味會
變得越來越濃。

〔材料〕2人份

洋蔥冰（解凍）⋯⋯	2顆（50克）
番茄冰（解凍）⋯⋯	2顆（50克）
水⋯⋯⋯⋯⋯⋯	2大匙
吉利丁粉⋯⋯⋯⋯	1小袋（5克）
氣泡水⋯⋯⋯⋯⋯	**各1/2杯**
蜂蜜⋯⋯⋯⋯⋯⋯	**2大匙**
薄荷葉、金箔等等	各少許

〔作法〕

1 在耐熱缽中注入水，加入吉利丁粉，
放置兩分鐘。當回復成凝膠狀時，無
需包裹保鮮膜，直接放入600瓦的微
波爐加熱二十秒鐘，使其溶解。

2 在氣泡水裡加入蜂蜜和步驟1的材料
混合均勻後，各加入1/2的量在解凍
後的洋蔥冰和番茄冰裡攪拌均勻，之
後放涼，直至變成粘稠狀為止。

3 在兩個玻璃杯裡分別倒入一半的洋蔥
凝膠和番茄凝膠，然後放入冷凍庫使
其冷卻凝固。

4 要吃的時候放上金箔或薄荷葉裝飾。

※洋蔥冰和番茄冰的解凍方法參考第17
頁的說明。

〔材料〕1人份

A）

洋蔥冰⋯⋯⋯⋯⋯	1顆（25克）
番茄冰⋯⋯⋯⋯⋯	1顆（25克）
草莓⋯⋯⋯⋯⋯	50克
優酪乳⋯⋯⋯⋯⋯	1/2杯
洋蔥冰⋯⋯⋯⋯⋯	1顆（25克）
番茄冰⋯⋯⋯⋯⋯	1顆（25克）

〔作法〕

1 將草莓的蒂頭去除。

2 將材料A用果汁機攪拌均勻。

3 倒入玻璃杯中，再放上洋蔥冰塊和番
茄冰塊。

●洋蔥的厲害成份

◎硫化合物⋯⋯⋯⋯⋯參考第45頁。

◎寡糖⋯⋯⋯⋯⋯⋯⋯⋯參考第38~39頁。

◎槲皮素⋯⋯⋯⋯⋯⋯⋯是類黃酮的一種,洋蔥的黃白色外觀就是源於它。具有強大的抗氧化力,可以保護微細血管、抑制血壓上升、預防癌症、抑制血糖升高、抵抗病毒、幫助對抗壓力等等。

◎硒⋯⋯⋯⋯⋯⋯⋯⋯⋯具有強大的抗氧化力,可以預防癌症、生活習慣病以及老化現象的發生。它可以提升身體的免疫力,對於改善肩頸酸痛、腰痛以及手腳冰冷的症狀也很有效。

◎穀胱甘肽⋯⋯⋯⋯⋯⋯是氨基酸的一種。具有強大的抗氧化力,可以分解血管內壁生成的脂肪、幫助血管變得柔軟有彈性、降低血壓、預防動脈硬化。可以預防並改善糖尿病、高血壓、高膽固醇這三大生活習慣病。對美容養顏也很有效。

Part 3

「洋蔥冰」食譜

使用製成冰塊的洋蔥而非生的洋蔥，不僅可以增添料理的風味，
還可以省下事前準備的工夫，有時還能發掘出不一樣的滋味。
下面就來介紹這類的洋蔥冰食譜。

1 可以讓洋蔥美味充份發揮的食譜

加熱過的洋蔥味道甘甜溫潤又帶點優雅的苦澀。
想要簡單將洋蔥這種獨特的風味釋放出來，
就是將它做成冰塊。

漢堡排

這道料理讓大家都能開心品嘗洋蔥的美味。

1人份_232卡　鹽分_1.3克　膳食纖維_1.6克

〔材料〕2人分

牛豬混合絞肉⋯⋯⋯150克

洋蔥冰⋯⋯⋯⋯⋯4顆（100克）

A）

　麵包粉⋯⋯⋯⋯⋯3大匙

　雞湯粉（顆粒）⋯1/2小匙

　胡椒⋯⋯⋯⋯⋯少許

沙拉油⋯⋯⋯⋯⋯1/2小匙

B）

　番茄醬⋯⋯⋯⋯⋯1大匙

　伍斯特醬（英國辣醋醬油）2杯

青紫蘇⋯⋯⋯⋯⋯2片

蘿蔔⋯⋯⋯⋯⋯60克（搗成泥）

青蔥⋯⋯⋯⋯⋯1/2根（切成蔥花）

〔作法〕

1 在缽中放入絞肉、解凍後的洋蔥冰和材料A，充份攪拌直至產生筋性為止。將材料分成二等份，用手塑型成漢堡的形狀。

2 在平底鍋內放油、加熱，將步驟1的食材並排擺放在鍋裡煎，當呈現焦黃色澤時翻面再煎，然後蓋上鍋蓋轉至小火再煎四分鐘，直到熟透為止。

3 用容器把漢堡排盛起來，加入青紫蘇，再放上蘿蔔泥和蔥花，淋上B混合攪勻後做成的醬汁。

※洋蔥冰的解凍方法參考第 17 頁的說明。

炸肉餅

解凍後的洋蔥冰來做，感覺炸得更軟嫩。

1人份_343卡　鹽分_1.1克　膳食纖維_2.1克

〔材料〕2人分

牛豬混合絞肉⋯⋯⋯150克

洋蔥冰（解凍）⋯⋯4顆（100克）

A）

　麵包粉⋯⋯⋯⋯⋯3大匙

　雞湯粉（顆粒）·1/2小匙

　胡椒⋯⋯⋯⋯⋯少許

麵粉、蛋花、麵包粉、炸油各適量

高麗菜⋯⋯⋯⋯⋯⋯2片

　　　　　（切成4公分長的細絲）

伍斯特醬（英國辣醋醬油）2小匙

〔作法〕

1 在缽中放入絞肉、洋蔥冰和材料A，充份攪拌直至產生筋性為止。分成二等份，用手各別整塑成兩顆平整的橢圓，沾上麵粉、蛋花、麵包粉。

2 用170度的熱油油炸，炸至金黃色後將油濾乾。

3 用容器將炸肉餅盛起來，加入高麗菜絲，再淋上醬汁。

※洋蔥冰的解凍方法參考第17頁的說明。

燒賣

這道料理是最有名的豬肉洋蔥組合。

1人份_292卡　鹽分_1.2克　膳食纖維_1.7克

〔材料〕2人分（12顆的量）

燒賣皮（市面販售）
2顆（50克）
豬絞肉 ·················150克
A）
　洋蔥冰（解凍）·2顆（50克）
　太白粉 ·············2大匙
　鹽 ·················1/5小匙
　胡椒 ···············少許
生香菇 ···············2顆（切成細末）
青豆仁（冷凍）·····12顆
黃芥末醬、醋、醬油各適量

〔作法〕

1　在豬絞肉裡加入 A 和生香菇，混合攪拌直至產生筋性為止。

2　用器具將步驟 1 的材料撥在燒賣皮的正中央，四個角落要留一些空間。

3　用食指和姆指圍一個圈，好像要把燒賣埋進圈圈裡似地輕輕握緊。在正中央放一個青豆仁。

4　整齊排放在冒著煙的蒸籠裡，大約蒸個十分鐘。然後加上黃芥末醬、醋、醬油。

※洋蔥冰的解凍方法參考第 17 頁的說明。

煎餃

〔材料〕2人分（20顆的量）
餃子皮（市面販售）1袋（20片）
豬絞肉 ················ 100克
高麗菜 ················ 2片（100克）
生薑 ················ 1/2片
蒜頭 ················ 1/2瓣
A）
　洋蔥冰（解凍）·2顆（50克）
　鹽 ················ 1/2小匙
　酒 ················ 1/4小匙
　胡麻油 ············ 1小匙
　麵包粉 ············ 3大匙
　太白粉 ············ 2大匙
　胡椒 ············ 1/5小匙
沙拉油 ················ 1小匙
醋醬油、辣油 ········ 各適量
綠生菜 ················ 少許

熟悉的家常料理能充份展現洋蔥的甜味。

1人份_403卡　鹽分_1.1克　膳食纖維_2.8克

〔作法〕

1　高麗菜切碎，灑上少許的鹽（額外），拌勻後用兩張疊在一起的紙巾包起來把水分擰乾。將生薑、蒜頭切成細末。在缽裡放入蔬菜、豬絞肉和材料A，充份攪拌均勻，直至不結塊為止。

2　用餃子皮將步驟1的材料包起來。

3　將平底鍋預熱，加入沙拉油，將步驟2的餃子並排擺放用大火煎。當底部呈現焦黃色時加入3大匙的水（額外），蓋上鍋蓋加熱直到水氣消失後再把火關掉。

4　裝盤，放上綠色生菜，再用另外的碟子裝盛醋醬油和辣油。

※洋蔥冰的解凍方法參考第17頁的說明。

炸春捲

〔材料〕2人分（10顆的量）
春捲皮（市面販售）10片
《麵糊》
　高筋麵粉 ………1又1/2大匙
　水 ………………2大匙
《餡料》
　豬肉 ……………70克
　豆芽菜 …………50克
　竹筍（水煮）……30克
　生香菇 …………20克
　紅蘿蔔 …………20克
　青椒 ……………20克
胡麻油 ……………1小匙
洋蔥冰（解凍）……2顆（50克）
A）
　雞湯粉（顆粒）·1/4小匙
　伍斯特醬（英國辣醋醬油）1/4小匙
　太白粉、水 ……各1小匙
炸油 ………………適量

洋蔥冰把眾多餡料都融為一體。

1人份_123卡　鹽分_0.5克　膳食纖維_0.4克

〔作法〕

1　將《餡料》的食材切細，用胡麻油
　炒一下。加入洋蔥冰和A，當洋蔥
　冰溶化後用溶於水的太白粉勾芡，
　關火冷卻。

2　春捲皮呈菱形方向擺放，在最上方的
　一角塗上《麵糊》，在正中央的位置
　放上步驟1的食材。從身體這側向外
　捲起包好，用170度的熱油反覆翻面
　煎熟，直到膨脹起來、表面呈現焦黃
　色澤為止。

炒牛肉

佐以多樣蔬菜的牛肉料理，可藉由洋蔥冰讓口味的層次更加豐富。

1人份_294卡　鹽分_1.4克　膳食纖維_2.3克

〔材料〕2人分

牛後腿肉（切成薄片）200克

《佐料》

洋蔥冰（解凍）……2顆（50克）

A）

　伍斯特醬（英國辣醋醬油）1/4小匙

　醬油 ……………………2小匙

　酒………………………2大匙

　砂糖 ……………………1小匙

　蒜泥 ……………………1/2小匙

　辣椒粉 …………………1/2小匙

紅蘿蔔 …………………50克

紅甜椒 …………………1顆（30克）

蒜薹……………………50克

沙拉油 …………………1大匙

〔作法〕

1　將牛肉切成5至6公分的肉片。

2　在缽裡加入洋蔥冰，再混入A的材料製作《佐料》，然後放入步驟 1 的肉片混合拌勻。

3　紅蘿蔔、紅甜椒各切成5公分長細絲，蒜薹切成5公分的段狀，用水煮熟。

4　平底鍋預熱，倒入沙拉油放入步驟 2 的食材拌炒，待肉變色時將肉撈起。

5　在原本的平底鍋中加入步驟 3 的食材用大火快炒，再把步驟 4 的肉片倒回去，翻炒均勻後關火。

※洋蔥冰的解凍方法參考第 17 頁的說明。

味噌豬肉

有了洋蔥的圓潤調和，成就了超級下飯的單品料理。

1人份_198卡　鹽分_1.7克　膳食纖維_2.2克

〔材料〕2人分
豬里肌肉……………2片（200克）
　　　　　　（將油脂部份去除）
洋蔥冰 ………………2顆（50克）
A ）
　水 ………………2大匙
　味噌 ……………2大匙
　砂糖 ……………1小匙
　薑末 ……………1小匙
　蒜末 ……………1/4小匙
　辣椒粉 …………少許
沙拉油 ……………1小匙
青江菜 ……………200克

〔作法〕

1　青江菜切成兩半用水川燙，之後將水擰乾，切成5公分的長段。根部切成2至4等分。

2　平底鍋預熱，倒入沙拉油放入豬肉，用中火正反兩面各煎4分鐘，煎到適度的焦黃色澤，然後取出。

3　將鍋內的剩餘油脂用紙巾擦掉，加入A和洋蔥冰。當洋蔥冰溶解後把豬肉倒回去，拌炒均勻後關火。

4　將步驟1的青菜用盤子盛起來，將豬肉切成1.5公分的寬度放進盤子裡，再將平底鍋裡剩餘的醬汁淋上。

一邊飆淚一邊切成細絲、切成薄片、磨成碎泥……。
做成洋蔥冰就可以擺脫處理洋蔥的麻煩手續。

冷盤沙拉

解凍的洋蔥冰和主角蔬菜超搭。

1人份_144卡　鹽分_0.5克　膳食纖維_3.0克

〔材料〕2人分

茄子⋯⋯⋯⋯⋯⋯2根（150克）

炸油⋯⋯⋯⋯⋯⋯適量

A）

　洋蔥冰（解凍）·2顆（50克）

　醋⋯⋯⋯⋯⋯⋯2大匙

　水⋯⋯⋯⋯⋯⋯2大匙

　鹽⋯⋯⋯⋯⋯⋯1/4小匙

　胡椒⋯⋯⋯⋯⋯少許

　小番茄⋯⋯⋯⋯100克

　　　（去除蒂頭後對切成兩半）

　青椒⋯⋯⋯⋯⋯1顆

　（從中間剖成一半，去籽後切成滾刀塊）

洋香菜（切成細末）1小匙

〔作法〕

1　將小番茄和青椒依指示備料切好。

2　在缽裡將A混合均勻，再加入步驟1的蔬菜拌勻。

3　將茄子的蒂頭去除，切成滾刀塊，用170度的熱油適度油炸，再加入步驟2的缽裡。

4　裝盤，灑上洋香菜。

※洋蔥冰的解凍方法參考第17頁的說明。

涼拌高麗菜絲

洋蔥的甜味讓簡單的料理也能成為
人間美味。

1人份_73卡　鹽分_0.3克　膳食纖維_1.7克

〔材料〕2人分
高麗菜 ·················150克
紅蘿蔔（切成薄片）4片
A）
　洋蔥冰（解凍）·2顆（50克）
　美乃滋 ··············1大匙
　醋·····················1小匙
　砂糖 ················1小匙
　鮮雞粉（顆粒）·1/4小匙
　胡椒 ················少許
洋香菜（切成細末）少許

〔作法〕
1 將高麗菜和紅蘿蔔切成4公分長的細
　絲。
2 將A混合拌勻至光滑綿密後，再加入
　步驟1的蔬菜絲。
3 裝盤，灑上洋香菜。

※洋蔥冰的解凍方法參考第 17 頁的說明。

涼拌黃瓜

因為做成了冰塊，所以可以輕易和醬汁融在一起。

1人份_61卡　鹽分_0.2克　膳食纖維_1.5克

〔材料〕2人分

小黃瓜 ················2根

A ）

　洋蔥冰（解凍） 2顆（50克）

　沙拉油 ··············2小匙

　醋 ····················2大匙

　鹽、胡椒 ··········各少許

〔作法〕

1 在缽裡將 A 充份攪拌均勻，直到沒有結塊為止。

2 用叉子將小黃瓜的皮劃出刻紋，再切成寬度1公分左右的輪狀。

3 在步驟 1 的缽中加入步驟 2 的黃瓜片，混合拌勻。

※洋蔥冰的解凍方法參考第 17 頁的說明。

涼拌番茄

冰塊是最佳陪襯。它更突顯了主角的存在。

1人份_80卡　鹽分_0.2克　膳食纖維_1.2克

〔材料〕2人分

番茄……………………2小顆（200克）

A ）

┃ 洋蔥冰（解凍）·1顆（25克）

┃ 橄欖油…………………1大匙

┃ 醋…………………………2大匙

┃ 鹽…………………………少許

┃ 胡椒………………………少許

洋香菜（切成細末）少許

〔作法〕

1　將番茄的蒂去除，切成滾刀塊。

2　在缽裡將 A 混合均勻，再加入步驟 1
　 的番茄拌勻。

3　裝盤，灑上洋香菜。

※洋蔥冰的解凍方法參考第 17 頁的説明。

涼拌豆腐

最簡單的小菜變身成為高級餐廳的單品料理。

1人份_68卡　鹽分_0.5克　膳食纖維_0.7克

〔材料〕2人分
木棉豆腐⋯⋯⋯⋯⋯150克
洋蔥冰（解凍）⋯⋯2顆（50克）
小魚乾⋯⋯⋯⋯⋯⋯2小匙
柴魚片⋯⋯⋯⋯⋯⋯2把
青蔥⋯⋯⋯⋯⋯⋯1/2根（切成蔥花）
醬油⋯⋯⋯⋯⋯⋯1小匙

〔作法〕
1 準備兩只容器，將豆腐一分為二各裝在容器裡。
2 加入洋蔥冰（解凍）、小魚乾、柴魚片，放上蔥花，淋上醬油。

※洋蔥冰的解凍方法參考第17頁的説明。

秋葵拌洋蔥

用冰塊就可省下磨成碎泥的手續。

1人份_32卡　鹽分_0.3克　膳食纖維_2.3克

〔材料〕2人分

秋葵························6根（75克）
乾蝦米··················2大匙
洋蔥冰（解凍）····2顆（50克）
柴魚片··················用3根手指抓1把
炒熟的白芝麻·······少許
果醋醬油（市售）·1小匙

〔作法〕

1 將秋葵的蒂去除乾淨，頭尾兩端各
切除2公分左右。沾鹽搓揉一下後放
入熱水裡川燙，再取出泡入冷水冷
卻，然後切成星形的薄片。

2 將乾蝦米切成小塊，和步驟1的秋葵
一起加入洋蔥冰（解凍）裡混和拌
勻。

3 裝盤，灑上柴魚片、炒熟的白芝麻，
淋上果醋醬油。

※洋蔥冰的解凍方法參考第17頁的說明。

優格沙拉

白色的冰滑順地融入醬汁裡。

1人份_153卡　鹽分_0.0克　膳食纖維_4.0克

〔材料〕2人分

南瓜⋯⋯⋯⋯⋯⋯⋯200克

A）

　　洋蔥冰（解凍）⋯2顆（50克）

　　橄欖油⋯⋯⋯⋯⋯1大匙

　　優格⋯⋯⋯⋯⋯⋯1/2杯

　　砂糖⋯⋯⋯⋯⋯⋯1大匙

藍莓醬⋯⋯⋯⋯⋯⋯1小匙

水⋯⋯⋯⋯⋯⋯⋯⋯1小匙

〔作法〕

1 將南瓜中間的囊和籽去除，浸一下水再裝進塑膠袋裡，放在耐熱皿中皮朝下，放在微波轉盤的外邊緣位置。用600瓦的微波爐加熱四分鐘。

2 取出後切成滾刀塊。

3 將A混合均勻，與步驟2的南瓜拌在一起，用容器裝起來，淋上用水稀釋過的藍莓果醬。

※洋蔥冰的解凍方法參考第17頁的說明。

只要利用能與任何食材充份融合的洋蔥冰，
就可以讓調味料的美味更上層樓。

高麗菜拌魚乾
糖醋風味

砂糖再加上洋蔥的甜，就是一道清新脫俗的單品料理。

1人份_56卡　鹽分_0.5克　膳食纖維_1.1克

〔材料〕2人分

高麗菜 ……………… 100克

竹莢魚乾 ………… 1小片

（總重70~80克，實際重量為30克）

A ）

洋蔥冰（解凍）·1顆（25克）

醋 ………………… 2小匙

砂糖 ……………… 2小匙

鹽 ………………… 少許

生薑 …………… 少許

〔作法〕

將高麗菜撕成一口大小，裝進塑膠袋
裡，放在耐熱皿中，用600瓦的微波
爐內加熱一分鐘後放涼。

2 將魚乾適度烘烤後，去除魚骨和魚皮
的部份，拆成小片。

3 在缽裡將A混合均勻，再加入步驟1
的高麗菜和步驟2的魚乾拌勻。

4 裝盤，擺上生薑。

※洋蔥冰的解凍方法參考第17頁的説明。

涼拌菠菜

蔬菜料理因為洋蔥的味道層次變得豐富。

1人份_23卡　鹽分_0.4克　膳食纖維_2.3克

〔材料〕2人分

菠菜······················150克

A）

　洋蔥冰（解凍）·1顆（25克）

　醬油·················1小匙

　酒···················1/2小匙

柚子皮（3x6公分）1片

〔作法〕

1　將菠菜適度川燙後用冷水冷卻，將水份
　　擰乾，切成2公分的長度。

2　在缽裡將A混合，加入步驟1的菠菜拌
　　勻。

3　裝盤，放上切成細絲的柚子皮。

　　※洋蔥冰的解凍方法參考第 17 頁的說明。

辣拌白菜

製成冰塊的洋蔥可和胡麻油充份融合。

1人份_47卡　鹽分_0.2克　膳食纖維_1.2克

〔材料〕2人分

大白菜·················1大片（150克）

A）

　洋蔥冰（解凍）·1顆（25克）

　醋···················2小匙

　砂糖·················2小匙

　辣椒粉···············少許

　胡麻油···············1小匙

〔作法〕

1　將白菜的葉和莖一分為二，葉子部份切
　　成2x4公分大小的薄片，莖的部份切成
　　1x4公分大小的薄片。

2　在耐熱缽裡放入步驟1的白菜，用保鮮膜
　　大略包一下，放入600瓦的微波爐內加熱
　　三分鐘，取出之後立刻浸入水中冷卻，
　　將水分充份擰乾。

3　在缽裡將A混合均勻，加入步驟2的白菜
　　拌勻。

　　※洋蔥冰的解凍方法參考第 17 頁的說明。

醃茄子

輕鬆就做成一道西京漬風味的道地單品。

1人份_63卡　鹽分_1.4克　膳食纖維_1.3克

〔材料〕2人分

茄子………………………100克
鹽………………………150克
A）
　洋蔥冰（解凍）·1顆（25克）
　芥末醬…………1顆（25克）
　蜂蜜…………………1大匙

〔作法〕

1　將茄子的蒂去除，切成小滾刀塊。灑上鹽後放一下等到醃透入味，之後將水份擠乾。

2　在缽裡將A混合均勻，再加入步驟1的茄子拌勻。

　※洋蔥冰的解凍方法參考第17頁的說明。

魚乾海苔

洋蔥冰的美味不僅好下飯，也是下酒好菜。

1人份_12卡　鹽分_0.3克　膳食纖維_0.7克

〔材料〕2人分

海苔片………………1大片（150克）
洋蔥冰（解凍）……1顆（25克）
小魚乾………………1大匙
醋………………………1/2小匙
柚子胡椒…………少許

〔作法〕

1　將海苔片切成細絲，和洋蔥冰拌在一起後放一下等到入味。

2　在步驟1裡加入小魚乾、醋和柚子胡椒混合均勻。

　※洋蔥冰的解凍方法參考第17頁的說明。

蓮藕沙拉

用冰塊混合使得根莖類的蔬菜更加入味。

1人份_92卡　鹽分_0.3克　膳食纖維_2.2克

〔材料〕2人分

蓮藕‥‥‥‥‥‥‥‥‥‥‥1節（200克）

洋蔥冰（解凍）‥‥‥1顆（25克）

A）

‖ 醬油 ‥‥‥‥‥‥‥‥‥1小匙

‖ 醋‥‥‥‥‥‥‥‥‥‥1小匙

‖ 胡麻油‥‥‥‥‥‥‥‥1小匙

‖ 辣椒 ‥‥‥‥‥‥‥‥1根（切成兩半，去籽）

〔作法〕

1 將蓮藕削皮，切成1.5公分寬的輪狀。再將每個輪狀切十字，分成四塊。

2 在耐熱缽裡將A混合均勻。加入步驟1的蓮藕和洋蔥冰，用保鮮膜大略罩一下放入600瓦的微波爐內加熱六分鐘。

3 取出之後拌勻，裝盤。

芝麻牛蒡

洋蔥冰配芝麻令人讚不絕口的好味道。

1人份_40卡　鹽分_0.4克　膳食纖維_2.5克

〔材料〕2人分

牛蒡‥‥‥‥‥‥‥‥‥‥70克

A）

‖ 洋蔥冰（解凍）‥1顆（25克）

‖ 醬油 ‥‥‥‥‥‥‥1小匙

‖ 芝麻粉（白）‥‥‥1小匙

〔作法〕

1 將牛蒡去皮，切成5公分長的細絲，用水洗乾淨瀝乾。

2 將兩張紙巾疊在一起包住步驟1的牛蒡，放入耐熱缽裡。用保鮮膜大略罩一下，放入600瓦的微波爐加熱三十秒鐘，再將紙巾取下（去除澀味）。

3 在缽裡將A混合均勻，拌入步驟2的牛蒡。

※洋蔥冰的解凍方法參考第17頁的説明。

洋蔥冰的淡淡甜味也可以製作成百搭的佐料和醬汁。
製成冰塊後味道變得更為豐富,做成的料理風味也是更上層樓。

蜂蜜蘋果醬

炒豬肉或雞肉時加一下就好吃得
不得了。

〔可製成8大匙的量〕
將蘋果(100克)的芯去除,連皮一起磨成
泥,加入洋蔥冰(2顆,50克)、檸檬汁
(1大匙)、蜂蜜(1大匙),用保鮮膜大
略包一下放入600瓦的微波爐加熱四分鐘。
取出後拌勻,把保鮮膜拿掉再加熱一分鐘。

青蔥醬

當做青醬用來搭配義大利麵,或
用來搭配生魚片做成義式風味。

〔可製成8大匙的量〕
將洋香菜葉(2片,12克)、羅勒葉(1
杯,20克)、蒜頭(1瓣)切成細末,與
橄欖油(1大匙)和起司粉(4大匙)一起
放入缽裡混合均勻,加入洋蔥冰(2顆,50
克)。用保鮮膜大略罩一下放入600瓦的微
波爐加熱兩分鐘。取出後攪拌均勻。

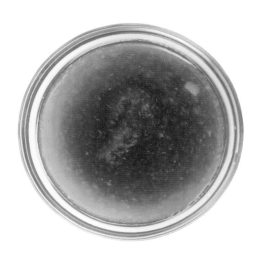

洋蔥橘醋

> 肉片以無油烹調的方法炒熟後，可以拿它做為佐料沾著吃。

〔可製成8大匙的量〕

洋蔥冰（解凍3顆，75克）和桔醋醬油（市售產品2大匙）混合拌勻。

洋蔥醬

> 可以用來搭配小黃瓜、番茄、紅蘿蔔和蘿蔔等等的單品沙拉。或是做為萵苣、紅菊苣、小黃瓜、小番茄等綜合沙拉的醬汁。

〔可製成8大匙的量〕

洋蔥冰（解凍2顆，50克）和無油和風醬（市售產品4大匙）混合拌勻。

洋蔥醬油

> 炒飯、紅燒魚、青菜拌豆芽等料理都可以加。

〔可製成8大匙的量〕

洋蔥冰（解凍3顆，75克）和醬油（2大匙）混合拌勻。

※ 這兩頁介紹的佐料和醬汁全部都需冷藏，保存期限大約是一個星期。

橘子派

洋蔥的甘甜更能襯出橘子罐頭的好美味。

〔材料〕直徑16公分的派餅一盤（可切成4塊）

橘子（罐頭）………120克（**淨重**）

A）

　洋蔥冰（解凍）·1顆（25克）

　蛋…………………1顆

　低筋麵粉…………2大匙

　砂糖………………2大匙

派皮（冷凍）………50克

〔作法〕

1　將橘子罐頭的湯水瀝乾。

2　在缽裡將A混合均勻，製作＜麵糊＞。

3　將派皮解凍後，拉成每邊20公分的正方
　形，舖在塗有奶油的派盤上，多餘的部份
　切除，只留下超出派盤約2公分的寬度，接
　著將這些多留部份往內折。剩下的部份就
　舖在底部。

4　將步驟1的橘子在步驟3的派皮上排列整
　齊，再倒入步驟2的麵糊。

5　放入230度烤箱的上層烤二十分鐘至熟透。

　※洋蔥冰的解凍方法參考第17頁的說明。

精力奶昔

洋蔥讓糖分高的水果和牛奶結合在一起。

〔材料〕1人分

香蕉·····················1/2根（50克）
洋蔥冰 ················1顆（25克）
脫脂奶粉··············1小包（16克）
　　　　　　　　　　或3大匙
牛奶·····················1/2杯

〔作法〕

將香蕉去皮，切成三等分，與剩餘材料一起放入果汁機裡打成泥。

抹茶豆漿

優雅飲品中的隱約甜味，正是洋蔥冰的甜味。

〔材料〕1人分

豆漿·····················1/2杯
抹茶粉 ·················1/2小匙
洋蔥冰（解凍）·····1顆（25克）

〔作法〕

在豆漿裡加入抹茶粉，充份攪拌均勻直到沒有結塊為止，然後加入洋蔥冰。

※洋蔥冰的解凍方法參考第 17 頁的說明。

●番茄的厲害成份

◎茄紅素………………參考第30～47頁。它的抗氧化力比下面的β-胡蘿蔔素
　　和維生素 E 更厲害。

◎β-胡蘿蔔素………………它是一種黃色色素。在人體內會隨著需求轉變
　　成維生素 A。具有強大的抗氧化力，對全身都具有抗老化的效果。

◎果膠（pectin）………番茄裡包覆種籽的凝膠部份含量豐富。是水溶性膳
　　食纖維的一種。它可以清潔腸道，預防大腸癌。番茄汁之所以會呈現些微
　　的糊狀就是因為果膠溶於其中的緣故。

◎維生素 E ……………這個維生素對女性尤其重要。它可以抗氧化，也能發
　　揮美容養顏和抗老化的功效。因為它有助女性賀爾蒙的分泌，所以也可以
　　消除一些女性特有的病症。

◎鉀…………………它控制了體內水份的平衡。當鈉含量過剩時，鉀可以
　　幫助將多餘的鈉排出體外。對於有高血壓困擾的人而言，它是必要的礦物
　　質。

Part **4**

「番茄冰」食譜

鮮紅色冰塊將番茄的美味與營養完整收藏。

一旦運用自如,就會發現番茄真的可以和很多料理做搭配。

接下來介紹的食譜就是利用冰塊的形式讓番茄的絕妙滋味充份發揮。

1

可 以 讓 番 茄 美 味 充 份 發 揮 的 食 譜

番茄裡濃縮了甜味、酸味，還有肌苷酸（inosinic acid）的鮮味。
在地中海一帶，番茄一向被當作是調味料來使用，
請好好享受它的美妙滋味！

義大利肉醬麵

就算是市面販售的肉醬，只要加了番茄冰，就能增添風味。

1人份_456卡　鹽分_2.5克　膳食纖維_2.5克

〔材料〕2人分

義大利麵條（乾）·150克

沙拉油 ……………1/2小匙

A）

┃ 義大利肉醬（市售）300克

┃ 太白粉 …………1小匙

番茄冰 ……………2顆（50克）

起司粉 ……………2小匙

洋香菜（切成細末）少許

〔作法〕

1 在耐熱缽裡將 A 混合均勻，放上
　番茄冰，用保鮮膜大略包一下送
　進600瓦的微波爐加熱八分鐘後
　取出拌勻。

2 在鍋內倒入1.5公升的水煮沸，
　將義大利麵條煮熟。

3 將義大利麵用容器裝起來，淋
　上步驟 1 的肉醬，灑上起司粉
　和洋香菜。

番茄雞肉飯

番茄的美味用來做為煮飯的湯頭最棒。

1人份_395卡　鹽分_0.8克　膳食纖維_1.8克

〔材料〕2人分

米 ……………………1杯
水 ……………………1杯
番茄冰 ………………2顆（50克）
鹽 ……………………迷你匙1匙
　　　　　　　　　　（或1/5小匙）
雞肉（切成細絲）·50克
三色蔬菜（冷凍）·1/2杯
奶油 …………………1大匙

〔作法〕

1 將米洗淨，用竹簍盛起。

2 在耐熱缽裡注入水，加入番茄冰和鹽混合均勻。

3 加入米，再平整鋪上雞肉和三色蔬菜，放上奶油。

4 包上保鮮膜，兩側留下約一根筷子的空隙，放進600瓦的微波爐加熱十分鐘。

5 確定開始變熱冒煙後，切換成弱火（150~200瓦左右），再加熱十分鐘。

6 取出後拌勻。

千層焗烤茄子醃肉

使用味道相配的食材，讓美味充份展現出來。

1人份_290卡　鹽分_1.5克　膳食纖維_2.4克

〔材料〕2人分（13.5x8x6公分的長方型耐熱玻璃皿）

茄子……………………2根
醃牛肉………………1小罐（100克）
　　　　　　　　（切成0.5公分寬）
番茄冰………………4顆（100克）
　　　　　　　　（每顆各切成3等份）
橄欖油…………………2大匙
披薩專用起司………1小包（25克）
洋香菜（切成細末）少許

〔作法〕

1 將茄子的蒂去除，縱向切成4片，用橄欖油將兩面煎一下。

2 在長方型耐熱玻璃皿中舖上3片茄子，一半份量的醃牛肉，灑上起司，擺上洋香菜，放上4片番茄冰。

3 再舖上一層同樣的3片茄子、剩餘的醃牛肉、起司、洋香菜以及4片番茄冰。

4 最後將剩下的2片茄子放在上面，再放上剩餘的番茄冰、起司以及洋香菜後，放入230度烤箱中烤10～12分鐘。

番茄炒蛋

番茄熟成的鮮美加上番茄冰做的調味料，兩者相輔相成。

1人份_201卡　鹽分_1.1克　膳食纖維_2.1克

〔材料〕2人分

蛋 …………………2顆	
鹽、胡椒…………各少許	
番茄（熟成）……2小顆（200克）	
木耳（乾）………2片	
胡麻油……………2小匙	

A）

番茄冰…………4顆（100克）	
砂糖……………1小匙	
太白粉…………1/2小匙	
鹽、胡椒………各少許	

〔作法〕

1 將番茄的蒂去除，切成滾刀塊。將木耳用水泡發，切成2公分的塊狀。

2 在缽裡將蛋打散，加入鹽和胡椒。

3 將平底鍋預熱，倒入胡麻油，將步驟 1的番茄下鍋熱炒，再將步驟 2的蛋汁倒入。

4 開大火，用筷子不停翻炒，待呈現半熟狀態時用盤子盛起來。

5 在空的平底鍋裡倒入 A，待變成糊狀後以繞圈的方式淋在步驟 4的蛋上。

番茄辣蝦

用番茄冰代替番茄醬讓料理更添成熟滋味。

1人份_142卡　鹽分_1.1克　膳食纖維_1.9克

〔材料〕2人分

番茄⋯⋯⋯⋯⋯⋯⋯2小顆（200克）
無頭蝦⋯⋯⋯⋯⋯⋯200克
番茄冰（解凍）⋯⋯4顆（100克）
A）

　薑（切成細末）⋯1小匙
　蒜（切成細末）⋯1小匙
　砂糖⋯⋯⋯⋯⋯1小匙
　味噌⋯⋯⋯⋯⋯1小匙
　胡麻油⋯⋯⋯⋯1小匙
　豆瓣醬⋯⋯⋯⋯1/2小匙
　太白粉⋯⋯⋯⋯1小匙
洋香菜（切成細末）少許

〔作法〕

1 將番茄的蒂去除，切成滾刀塊。

2 在耐熱缽裡加入A和番茄冰混合均勻。

3 用剪刀將蝦子的尾部和腳去除。背後劃
　一刀，將泥腸取出。放入耐熱缽裡，加
　入1/2杯的水（額外），用保鮮膜大略包
　一下，放入600瓦的微波爐裡加熱兩分
　鐘。取出後將湯汁倒掉。

4 在步驟2的耐熱缽裡加入步驟1的番茄
　和已瀝除湯汁的蝦子，用保鮮膜包好，
　放入600瓦的微波爐裡加熱八分鐘。

5 裝盤，灑上洋香菜。

※洋蔥冰的解凍方法參考第 17 頁的說明。

牛肉燴飯

番茄冰做成的醬汁，帶出了牛肉和洋蔥的鮮甜。

1人份_432卡　鹽分_3克　膳食纖維_3.2克

〔材料〕2人分

牛後腿肉（切成薄片）100克

洋蔥……………………1顆（200克）

鹽 …………………迷你匙1匙

　　　　（切成1公分寬的月牙型）

蘑菇（水煮・切片）

1小罐（40克）

奶油……………………1大匙

蒜 ……………………1瓣（切成細末）

鹽 …………………少許

胡椒……………………1大匙

多蜜醬(demi-glace sauce) 1/2罐（150克）

番茄冰 ……………4顆（100克）

白飯（溫熱）……兩小碗（200克）

洋香菜（切成細末）少許

〔作法〕

1 牛後腿肉切成4~5公分的長度。

2 平底鍋預熱後放入奶油，溶化後放入步驟1的牛肉和蒜末用大火快炒。待牛肉變色後再加入洋蔥和蘑菇，拌炒一下後灑上鹽和胡椒。

3 加入多蜜醬和番茄冰，待番茄冰溶解、沸騰後再煮個二至三分鐘，然後關火。

4 用容器裝盛白飯，淋上步驟3的食材，灑上洋香菜。

番茄咖哩

普通的咖哩因為番茄冰竟變得如此
美味！

1人份_447卡　鹽分_2.0克　膳食纖維_3.1克

〔材料〕2人分

雞胸肉 ················100克
馬鈴薯 ···············中型大小1顆
紅蘿蔔 ···············1/2根
水 ····················1杯
番茄冰 ···············4顆（100克）
咖哩塊 ···············30克（剁碎）
白飯（溫熱）········200克

〔作法〕

1　雞胸肉切成一口大小。馬鈴薯和紅
　　蘿蔔切成滾刀塊。

2　在耐熱缽裡加入步驟1的食材和番茄
　　冰，倒入水，再加入咖哩塊。

3　用保鮮膜大略包一下，放入600瓦的
　　微波爐加熱十二分鐘。

4　取出後拌勻，淋在用容器盛好的白飯
　　上。

番茄皮韌不容易切開，而且還要川燙去皮，還要挖籽，
番茄的事先處理工作是出乎意料的麻煩。
這些麻煩只要做成番茄冰就可以輕鬆搞定。

義大利蔬菜濃湯

這道可以充份享受番茄美味的湯品，用冰塊來做最恰當。

1人份_148卡　鹽分_1.5克　膳食纖維_2.3克

〔材料〕2人分

A）（皆切成1公分塊狀）

　紅蘿蔔‧‧‧‧‧‧‧‧‧‧‧‧‧3公分長（30克）

　洋蔥‧‧‧‧‧‧‧‧‧‧‧‧‧‧1/4顆（50克）

　西洋芹‧‧‧‧‧‧‧‧‧‧‧‧1/4根（30克）

　櫛瓜‧‧‧‧‧‧‧‧‧‧‧‧‧‧1/4根（50克）

　青椒‧‧‧‧‧‧‧‧‧‧‧‧‧‧1顆

橄欖油‧‧‧‧‧‧‧‧‧‧‧‧‧‧2小匙

蒜‧‧‧‧‧‧‧‧‧‧‧‧‧‧‧‧1/2瓣（切成細末）

綜合豆（水煮罐頭）100克

番茄冰‧‧‧‧‧‧‧‧‧‧‧‧‧4顆（100克）

水‧‧‧‧‧‧‧‧‧‧‧‧‧‧‧‧‧1杯

鹽‧‧‧‧‧‧‧‧‧‧‧‧‧‧‧‧‧1/4小匙

胡椒‧‧‧‧‧‧‧‧‧‧‧‧‧‧‧少許

洋香菜（切成細末）少許

〔作法〕

1 將 A 的蔬菜 部切成1公分的塊狀。

2 在鍋內放入橄欖油和蒜用中火爆香，香氣出來後加入步驟 1 的蔬菜和綜合豆，然後放進番茄冰，再把水倒入。

3 依序煮沸後，用中火繼續燉煮十至十二分鐘去除澀味，直到蔬菜變軟為止，再加入鹽和胡椒調味。

4 裝盤，灑上洋香菜。

高麗菜捲

用大量番茄冰製成的醬汁是這道燉煮料理的致勝關鍵。

1人份_250卡　鹽分_1.6克　膳食纖維_3.8克

〔材料〕2人分（4個）

高麗菜 ……………4片（200克）

A）

　牛豬混合絞肉 …… 150克

　番茄冰（解凍）4顆（100克）

　麵包粉 ………… 3大匙

　鹽、胡椒 ……… 各少許

番茄冰 ………… 6顆（150克）

伍斯特醬（英國辣醋醬油）2小匙

水 ………………2杯

　太白粉 …………1小匙

　水 ………………2小匙

洋香菜（切成細末）少許

〔作法〕

1 將高麗菜放進塑膠袋裡，用耐熱皿裝起來，放進600瓦的微波爐中加熱四分鐘。取出放涼。

2 將A混合拌勻，直至產生筋性為止，然後分成四等份。

3 將步驟1的高麗菜鋪平，放上步驟2的餡料，從最接近身體這側的邊開始，然後是左邊、右邊，依序將高麗菜包緊。

4 在鍋內將步驟3的高麗菜捲並排擺好，倒入水，再加入番茄冰和伍斯特醬用火煮沸。沸騰後轉小火，將鍋蓋稍稍錯開些露出縫隙後，再燉煮三十分鐘左右。

5 在步驟4的湯汁裡加入溶於水中的太白粉勾芡。關火、裝盤，灑上洋香菜。

番茄歐姆蛋

先將番茄做成冰塊備用，就能輕輕鬆鬆做出美味可口的醬汁。

1人份_295卡　鹽分_1.5克　膳食纖維_0.6克

〔材料〕2人分

蛋 ························4顆
披薩專用起司 ·······2大匙
鹽、胡椒 ·············各少許
奶油 ·····················4小匙
　番茄冰（解凍） 4顆（100克）
　胡椒 ················少許

〔作法〕

1 在缽裡將2顆蛋打散，再加入披薩專用起司、鹽、胡椒混合均勻。

2 平底鍋預熱後加入2小匙的奶油溶解，倒入步驟1的蛋液。開大火用筷子迅速拌炒至半熟狀態，同時塑型成葉片狀，然後裝盤。依同樣的步驟再做一盤。

3 在空的平底鍋裡加入番茄冰煮化，待變成稠狀後灑上胡淑，再倒入裝有歐姆蛋的盤子裡。

馬賽海鮮湯

番茄冰和海鮮貝類做成的湯鮮美可口，讓人喝到一滴不剩。

1人份_206卡　鹽分_2.8克　膳食纖維_1.8克

〔材料〕2人分

蒜 ……………………1瓣（切成細末）

橄欖油 ………………1小匙

番茄冰 ………………8顆（200克）

A）

　白酒 …………………1/4杯

　水 ……………………1/4杯

　番紅花 …………10根（浸泡十分鐘）

　月桂葉 ………………1/2片

　日式高湯粉（顆粒）1/2小匙

生蝦（去頭）………4隻

干貝 …………………2小匙

墨魚（身體部份）100克

文蛤（去砂）………4個

鹽、胡椒 ……………各少許

洋香菜（或是義大利香芹）少許

〔作法〕

1 在蝦子的背部劃一刀，取出泥腸。將墨魚切成1公分寬的輪狀。將文蛤連殼洗乾淨。

2 在鍋底加入蒜和橄欖油，用中火爆香，炒到變成焦黃色為止，然後加入番茄冰和A，用大火拌炒。

3 當番茄冰溶解沸騰後加入步驟1的海鮮，煮熟後加入鹽和胡椒調味，關火。

4 裝盤，將洋香菜切成細末後灑上。

番茄麵包

冰涼的番茄冰放在烤過的麵包上汁
鮮味美。

1人份_107卡　鹽分_0.9克　膳食纖維_1.2克

〔材料〕2人分（6個）

小法國麵包 ……… 2個（每個30克）

橄欖油 …………… 1小匙

番茄冰 …………… 2顆（50克）

鹽、胡椒 ………… 各少許

羅勒葉 …………… 2片

〔作法〕

1　將小法國麵包一個切成三等份的輪
　　狀，沾橄欖油烘烤。

2　將番茄冰切成1公分的塊狀放在麵包
　　上，灑上鹽和胡椒。

3　將羅勒葉切成細末後灑上。

韓式豆腐鍋

韓式泡菜和番茄冰做成的簡單湯汁美味又可口。

1人份_129卡　鹽分_2.4克　膳食纖維_2.6克

〔材料〕2人分
韓式泡菜⋯⋯⋯⋯⋯100克
木綿豆腐⋯⋯⋯⋯⋯200克
芹菜⋯⋯⋯⋯⋯⋯4根（30克）
　　　　　　　（切成3公分長段）
水⋯⋯⋯⋯⋯⋯⋯1杯
番茄冰⋯⋯⋯⋯⋯4顆（100克）
胡麻油⋯⋯⋯⋯⋯1小匙
醬油⋯⋯⋯⋯⋯⋯2小匙

〔作法〕
1 將豆腐切成六等分。
2 在鍋內將胡麻油加熱，放入韓式泡菜炒熱，加入番茄冰，再倒入水。
3 番茄冰溶解沸騰後加入豆腐和芹菜，煮一下，加醬油調味，關火。

咖哩炒飯

加了番茄冰讓咖哩的味道層次更加的豐富。

1人份_282卡　鹽分_0.7克　膳食纖維_3.4克

〔材料〕2人分（6個）

白飯⋯⋯⋯⋯⋯⋯⋯2小碗（200克）
雞絞肉⋯⋯⋯⋯⋯⋯50克
蒜⋯⋯⋯⋯⋯⋯⋯⋯1瓣
青椒⋯⋯⋯⋯⋯⋯⋯1顆（30克）
甜椒⋯⋯⋯⋯⋯⋯⋯1顆（30克）
生香菇⋯⋯⋯⋯⋯⋯2朵
綠花椰菜⋯⋯⋯⋯⋯50克
沙拉油⋯⋯⋯⋯⋯⋯2小匙
A）
　雞湯粉（顆粒）⋯1/2小匙
　胡椒⋯⋯⋯⋯⋯⋯1/4杯
　咖哩粉⋯⋯⋯⋯⋯小匙
番茄冰⋯⋯⋯⋯⋯⋯2顆（50克）
洋香菜（切成細末）少許

〔作法〕

1 將蒜、青椒、甜椒、去除尾部蒂頭的生香菇以及綠花椰菜切成細末。用食物調理機切碎也可以。

2 平底鍋預熱，倒入沙拉油，放進蒜和雞絞肉快炒。

3 雞肉炒熟後將剩餘的蔬菜加入繼續拌炒，炒勻後加入A和番茄冰。

4 番茄冰溶化後加入白飯用大火快炒，灑上洋香菜後拌勻，關火。

番茄這種調味料和日本料理是意想不到的搭。
請將這調味料的新用法牢牢記住！

醃小黃瓜

普通涼拌小菜加了番茄冰後，滋味更加鮮美。

1人份_16卡　鹽分_0.4克　膳食纖維_1.0克

〔材料〕2人分

小黃瓜 ……………1根
鹽 …………………少許
海帶芽（乾燥）……1小匙
薑（切成薄片）……2片（1片切成細末）
A）
　番茄冰（解凍）1顆（25克）
　砂糖 ……………1小匙
　鹽 ………………少許

〔作法〕

1 小黃瓜切成圓形薄片，灑一點鹽混合拌勻，醃透後將水擰乾。

2 將海帶芽用水泡發，放上竹簍上。

3 在缽裡將 A 混合拌勻，待砂糖徹底溶化後加入步驟 1 的小黃瓜和步驟 2 的海帶芽以及薑片，混合拌勻。

4 裝盤，放上薑末。

※番茄冰的解凍方法參考第 17 頁的說明。

茄汁韭菜鯖魚涼拌

因為使用番茄冰，這道單品料理輕輕鬆鬆就能完成。

1人份_72卡　鹽分_0.2克　膳食纖維_0.7克

〔材料〕2人分

韭菜……………………40克
鯖魚（罐頭）………1小罐（45克）
A）
∥　番茄冰（解凍）·1顆（25克）
∥　胡麻油……………1/2小匙

〔作法〕

1　將韭菜快速川燙後浸入冷水中，將水擰乾後切成2公分的長段。

2　將鯖魚罐頭的湯汁瀝乾，拆分成幾大塊。

3　將A放入缽內混合均勻，將入步驟1的韭菜和步驟2的鯖魚拌勻。

※番茄冰的解凍方法參考第17頁的說明。

燉香菇

番茄和香菇的美味合而為一。

1人份_15卡　鹽分_0.3克　膳食纖維_2.4克

〔材料〕2人分

鴻喜菇……………………1包（100克）
生香菇……………………2朵
番茄冰……………………1顆（25克）
醬油………………………1小匙

〔作法〕

1　將鴻喜菇尾端的蒂頭去除，一朵朵分開。生香菇去除尾端蒂頭後每片切成4~6等份。

2　將步驟1的菇移至耐熱缽裡，加入番茄冰和醬油。

3　用保鮮膜略包一下，放入600瓦的微波爐加熱二到三分鐘。取出後如果水份太多，就將保鮮膜拿掉，再放進600瓦的微波爐裡加熱一分鐘左右，將水份煮乾。

小松菜番茄漬

番茄和醬油是美味的日式調味料。

1人份_11卡　鹽分_0.5克　膳食纖維_1.2克

〔材料〕2人分

小松菜 ⋯⋯⋯⋯⋯⋯100克

A）

| 番茄冰（解凍）⋯1顆（25克）
| 醬油 ⋯⋯⋯⋯⋯⋯1小匙

〔作法〕

1 將小松菜放進沸水裡適度川燙後放涼，將水份擰乾，切成3公分的長段用容器裝起來。

2 在缽裡將A混合均勻，淋在小松菜上。

※番茄冰的解凍方法參考第 17 頁的說明。

番茄醋拌雙絲

充份展現了番茄的酸味和甜味。

1人份_21卡　鹽分_0.2克　膳食纖維_1.0克

〔材料〕2人分

白蘿蔔 ⋯⋯⋯⋯⋯⋯100克

紅蘿蔔（切成薄片）8片

A）

| 番茄冰（解凍）⋯1顆（25克）
| 醋 ⋯⋯⋯⋯⋯⋯⋯1小匙
| 砂糖 ⋯⋯⋯⋯⋯⋯1小匙
| 鹽 ⋯⋯⋯⋯⋯⋯⋯一小搓（用兩隻手指抓）

〔作法〕

1 將白蘿蔔切成薄片，疊在一起切成細絲。紅蘿蔔也切成細絲。灑上1/5小匙（額外）的鹽後放到入味為止，然後將水份擰乾。

2 在缽裡將A混合均勻，加入步驟1的蘿蔔絲拌勻。

※番茄冰的解凍方法參考第 17 頁的說明。

明太子拌木耳

有了番茄冰，這道下飯的開胃小菜
就方便多了。

1人份_39卡　鹽分_1.6克　膳食纖維_1.0克

〔材料〕2人分
辣味明太子 ………50克
木耳（乾燥）……2片
A）
　番茄冰（解凍）·2顆（50克）
　山葵粉…………少許
青紫蘇 ………2片

〔作法〕
1　木耳用水泡發，將蒂頭去除，切成1
　公分塊狀。
2　辣味明太子切成2公分寬。青紫蘇切
　成1公分塊狀。
3　在缽裡將A混合均勻，再加入步驟1
　的木耳和步驟2的明太子拌勻。

※番茄冰的解凍方法參考第17頁的說明。

茄汁醋拌味噌

味噌和番茄也是超搭的組合。

1人份_16卡　鹽分_0.5克　膳食纖維_1.4克

〔材料〕2人分
秋葵………………4根
韭菜………………4根
A）
　番茄冰（解凍）·1顆（25克）
　味噌……………1小匙
　醋………………1/2小匙

〔作法〕
1　將秋葵的蒂去除乾淨，頭尾兩端各切
　除一小段。
2　將水煮沸，放入步驟1的秋葵和韭菜
　適度川燙、瀝乾。
3　放涼後將秋葵切成0.5公分寬的星
　形，韭菜切成3公分的長度。
4　將A混合均勻，加入步驟3拌勻。

※番茄冰的解凍方法參考第17頁的說明。

番茄冰是美味的佐料和醬汁

甜味和酸味完美結合的番茄冰可以製作成風味獨具的佐料和醬汁。只要簡單地加在煮好的肉類、魚類或蔬菜料理中，就是一道滋味不凡的單品料理！

紅辣醬

麻麻辣辣、喚起食欲的刺激美味！加在冰涼的日式蕎麥麵裡，放上水煮青菜，讓汗水解放……不妨試試？

〔可製成11大匙的量〕

將番茄冰（解凍4顆・100克）、醋（2大匙）、酒（2大匙）、蒜（切成細末1/2小匙）、芝麻粉（1大匙）、生薑泥（1小匙）、辣椒粉（2小匙）、紅椒粉（粉末1小匙）、鹽（1/6小匙）、胡椒（少許）一起放入缽裡，用打蛋器混合拌勻，直到沒有結塊為止。

四川辣醬

淋在水煮豆芽菜、青江菜、肉、魚或是豆腐上，一道健康料理上桌！

〔可製成12大匙的量〕

將番茄冰（解凍4顆・100克）、醬油（3大匙）、酒（1大匙）、味醂（1大匙）、蒜末（1/3小匙）、辣油（2小匙）、胡椒（少許）混合拌勻即可。

韓式顆粒醬

> 加在粗略拌過的生菜、水芹和生蘑菇裡。

〔可製成16大匙的量〕

將番茄冰（解凍4顆·100克）、長蔥（切成細末50克）、薑（切成細末1大匙）、蒜（切成細末1小匙）、辣椒粉（1小匙）、醬油（5大匙）加入缽內用打蛋器混合拌勻，直到沒有結塊即可。

烤肉醬

> 可以用來醃漬烤雞、烤牛小排、烤豬肋排，烤蔬菜時也可以用來當佐料塗抹。

〔可製成11大匙的量〕

將番茄冰（解凍4顆·100克）、醬油（2大匙）、酒（2大匙）、蒜（切成細末1小匙）、芝麻粉（1大匙）、薑（切成細末1大匙）、胡麻油（1小匙）混合均勻。

極品芝麻醬

> 充份展現番茄酸味的芝麻醬。搭配海帶芽、小黃瓜、水煮菠菜、蒟蒻等，就是人間美味！

〔可製成13大匙的量〕

將番茄冰（解凍4顆·100克）、醬油（4大匙）、鹽（1小匙）、白芝麻粉（2大匙）、炒熟白芝麻（1大匙）、水（2大匙）加入缽內用打蛋器混合拌勻到沒有結塊。

※這兩頁介紹的佐料和醬汁全部都需冷藏，保存期限大約是一個星期。

番茄果凍

蘋果和番茄甜酸滋味相似，是相輔
相成的絕佳組合。

番茄紅豆湯

加了番茄冰，就成清新的日式甜品。

〔材料〕2人分

蘋果·················50克
　吉利丁粉 ·········1小袋（5克）
　水··················2大匙
番茄冰（解凍）····8顆（200克）
薄荷葉···············2片

〔作法〕

1　蘋果切成四等份，將芯去除。放入耐熱缽
　裡，用保鮮膜大略包覆一下，放入600瓦的
　微波爐加熱一分鐘。然後取出放涼。

2　在耐熱缽中注入水，加入吉利丁粉，放置
　兩分鐘。當回復成凝膠狀時，無需包裹保
　鮮膜，直接放入600瓦的微波爐加熱二十秒
　鐘，使其溶解。

3　在步驟2的缽裡加入番茄冰（解凍）混合
　均勻。放置一段時間，直到完全變涼，凝
　結成膠狀為止。

4　將步驟3的凝膠分成兩等份倒入兩只玻璃
　杯裡，再各別放上步驟1的蘋果和薄荷
　葉，然後放進冷凍庫裡冷藏，直到凝結成
　固體。

※冰塊的解凍方法參考第17頁的說明。

〔材料〕1人分
A）
　蜜紅豆（市售）·100克
　鹽···················少許
　番茄冰·············2顆（50克）
　水··················1/2大匙
糯米粉···············1/4杯（30克）
水·················1又1/2匙至2大匙

〔作法〕

1　在糯米粉裡加入水攪拌揉捏，直到像耳垂
　般的柔軟狀態。然後搓成1.5公分的圓球，
　用沸水煮熟，待浮上來後再煮約兩分鐘時
　間，之後取出瀝乾，放涼。

2　將A放入果汁機內攪勻到沒有結塊為止。

3　將步驟2的紅豆湯倒入碗裡，再放上步驟1
　的湯圓。

番茄蘋果雪泥

最養生的紅色飲品。

〔材料〕1人分
蘋果……………………50克
紅蘿蔔……………………50克
番茄冰………………2顆（50克）
牛奶……………………1/2杯

〔作法〕

1 蘋果將芯去除，切成四片。紅蘿蔔切成
　滾刀塊。
2 將步驟1放進果汁機裡，加入番茄冰，
　倒入牛奶。
3 按下開關，打成雪泥。

番茄奶昔

重新體驗番茄和牛奶的絕妙組合。

〔材料〕1人分
番茄冰………………2顆（50克）
香草冰淇淋…………2大匙
牛奶……………………1/2杯

〔作法〕
將番茄冰和香草冰淇淋放進果汁機裡，倒入牛
奶。按下開關攪碎，打到沒有結塊為止。

本書裡詳細介紹了洋蔥冰和番茄冰的基本作法和基本用法，
最後，我藉此針機會對全國各地讀者的諸多問題一一回覆。

用　哪　一　種　塑　膠　袋　比　較　好　？

◎普通的塑膠袋就可以了。厚度若有0.03公釐最好，但如果只有0.01公釐也沒有問題。透明塑膠袋或是超市收銀機附近常見的那種捲筒狀的半透明塑膠袋都可以拿來使用。

◎塑膠袋的耐熱溫度是120～140度。洋蔥因為不含油脂，所以就算用微波爐加熱二十分鐘也不會超過90度。既然不會燒燬，自然也就不可能產生戴奧辛。

◎常常有讀者詢問：「可不可以推薦哪家廠商的塑膠袋？或是推薦哪一種塑膠袋？」保鮮膜買大品牌企業販售的商品比較有信譽，但是塑膠袋日本各地都有廠商製造販賣，這實在很難答覆。使用手邊有的塑膠袋就可以了，不認廠牌也沒關係。

◎用來收納冰塊的塑膠袋大致上尺寸如下。

長30cm／寬27cm
洋蔥
4個
（約1公斤的量）
製作成的冰塊

長27cm／寬18cm
洋蔥
2個
（約500克的量）
製作成的冰塊

塑　膠　袋　用　完　了　怎　麼　辦　？

◎用保鮮膜代替塑膠袋的話，洋蔥會容易燒焦。這時請使用耐熱缽。

◎用4顆洋蔥（約1公斤的量）製作冰塊時就用2.5公升的大缽，先用保鮮膜大略包一下再放進微波爐加熱就可以了。

◎如果是用1.5公升一般容量的缽，就將洋蔥切成4～8等份，儘量塞緊不留空隙，一樣用保鮮膜罩一下再加熱。如此一來，即使塑膠袋不小心用完的時候也可以像平常一樣製作洋蔥冰。

沒 有 果 汁 機 怎 麼 辦 ？

用2顆洋蔥（約500克的量）製作冰塊。

1. 去除外皮，將上方的蒂切除，再將下部的根刨掉。縱向切成兩等份，再沿著纖維紋理切成寬度0.5公分的薄片。
2. 放入耐熱缽裡，用保鮮膜大略包一下放入600瓦的微波爐加熱十分鐘。
3. 放涼後放入有夾鏈的保鮮袋裡。將袋中的空氣擠掉，將洋蔥鋪平（約5～7公釐的厚度），封口後放在鐵盤上。
4. 放進冷凍庫。結成冰後。
5. 需要時用手折下所需的量，取出使用。
6. 剩下的部份放在冷凍庫裡冷藏。大約可以保存兩個月左右。

沒 有 6 0 0 瓦 的 微 波 爐 怎 麼 辦 ？

◎微波爐瓦數加熱時間一覽表

這本書裡的食譜使用的是600瓦的微波爐。如果您使用的是500瓦或700瓦的微波爐，請參照以下的加熱時間自行調整。

500 W	600 W	700 W
40 秒	30 秒	30 秒
1 分 10 秒	1 分	50 秒
2 分 20 秒	2 分	1 分 40 秒
3 分 40 秒	3 分	2 分 30 秒
4 分 50 秒	4 分	3 分 30 秒
5 分 20 秒	4.5 分	4 分
6 分	5 分	4 分 20 秒
7 分 10 秒	6 分	5 分 10 秒
8 分 20 秒	7 分	6 分
9 分	7.5 分	6 分 30 秒
9 分 40 秒	8 分	6 分 50 秒
10 分 50 秒	9 分	7 分 40 秒
12 分	10 分	8 分 30 秒
13 分 10 秒	11 分	9 分 30 秒
14 分 20 秒	12 分	10 分 20 秒

如果家裡有蒸籠或壓力鍋，就算沒有微波爐也可以製作洋蔥冰。以下的步驟只說明到放入果汁機為止，後續製成冰塊的方法請參照第5頁說明的步驟進行。

〔 用蒸籠的作法 〕

將洋蔥用容器裝好，放進已經冒煙的蒸籠裡，不論份量多少，都用大火蒸二十分鐘。將洋蔥連同容器裡的湯汁一起倒入果汁機裡。不管份量多寡。

〔 用壓力鍋的作法 〕

在壓力鍋裡倒入2杯的水，架好蒸板。放上用容器裝著的洋蔥，蓋上蓋子用大火加熱。壓力到達後不管多量少都轉成小火繼續加熱5分鐘，然後關火。
壓力下降後將蓋子打開。將洋蔥連同容器裡的湯汁一起倒入果汁機裡。

「好好吃飯」

吃飯是個有溫度的詞彙。

雖然不是什麼珍饈佳餚，但卻很美味。尋常的飯碗，尋常的家人，大家愛吃的食物。像這樣普通家庭的餐桌，就是吃飯最開始的起源。

為什麼要吃飯呢？

答案顯而易見。

「為了延續生命。」

身體將吃進去的食物吸收、分解，不停地產生能量。這就是所謂的活著。

好好地吃飯。然後，好好地活。

奉行「快速、美味、簡單」的我推行擅用微波和冷凍的烹調方法。現今醫學界所謂的『分子矯正醫學（Orthomolecular Medicine）』，也就是**「身體營養狀態良好的人不容易生病。就算生了病也能很快復原。不用怎麼吃藥病就好了。」**的觀念也廣為流傳。這恰恰就是「好好吃飯」的觀念！

我花了三年時間為糖尿病病患研發的「洋蔥冰」得到了熱烈的迴響。之後又開發了具有強效抗氧化力、含有豐富茄紅素的「番茄冰」。就日本厚生勞動省提倡「一天350克的蔬菜攝取量」來看，現今的日本國民大概連100克都不到。是「洋蔥冰」和「番茄冰」上場的時候了。

不論加在什麼食物裡都很方便。而且還很美味！

請善加利用，幫助大家實踐「好好吃飯」的目標吧！

村上祥子

健康百變冰塊

原書名 最強的健康魔法冰塊 :洋蔥冰+番茄冰

作　　者/ 村上祥子

攝　影　師/ Bungo Saito

編輯製作/ FILE Publications, inc.

譯　　者/ 婁愛蓮

社　　長/ 陳純純

主　　編/ 黃佳燕、林麗文

封面設計/東喜設計·謝捲子

內頁設計/ 劉玲珠

行銷企劃/ 陳彥吟

法律顧問/ 六合法律事務所　李佩昌律師

出版發行/ 出色文化出版事業群·出色文化

新北市新店區寶興路45 巷6 弄5 號6 樓

電　　　話：02-8914-6405

傳　　　真：02-2910-7127

劃撥帳號：50197591

劃撥戶名：好優文化出版有限公司

電子郵件信箱：good@elitebook.tw

印　　製/ 皇甫彩藝印刷股份有限公司

初版一刷/ 2017 年6 月

定　　價/ 350 元

國家圖書館出版品預行編目(CIP)資料

健康百變冰塊/
村上祥子著. -- 初版. -- 新北市：
出色文化, 2017.06
　面；　公分
ISBN 978-986-94414-7-6(平裝)

1.食療 2.洋蔥 3.番茄 4.食譜

418.914　　　　　　　106007908

健康百變冰塊

姓名：＿＿＿＿＿＿＿＿＿＿ □女 □男 年齡＿＿＿＿＿＿＿＿＿

地址：＿＿＿＿＿＿＿＿＿＿＿＿＿＿＿＿＿＿＿＿＿＿＿＿＿＿

電話：O:＿＿＿＿＿＿＿ H:＿＿＿＿＿＿ 手機:＿＿＿＿＿＿＿＿

E-MAIL：＿＿＿＿＿＿＿＿＿＿＿＿＿＿＿＿＿＿＿＿＿＿＿＿

學歷 □國中(含以下) □高中職 □大專 □研究所以上

職業 □生產/製造 □金融/商業 □傳播/廣告 □軍警/公務員 □教育/文化
　　 □旅遊/運輸 □醫療/保健 □仲介/服務 □學生 □自由/家管 □其他

◆ 您從何處知道此書？

□書店 □書訊 □書評 □報紙 □廣播 □電視 □網路 □廣告DM

□親友介紹 □其他

◆ 您以何種方式購買本書？

□實體書店，＿＿＿＿＿＿＿＿書店 □網路書店，＿＿＿＿＿＿＿書店

□其他 ＿＿＿＿＿＿＿＿＿

◆ 您的閱讀習慣(可複選)

□商業 □兩性 □親子 □文學 □心靈養生 □社會科學 □自然科學

□語言學習 □歷史 □傳記 □宗教哲學 □百科 □藝術 □休閒生活

□電腦資訊 □偶像藝人 □小說 □其他

◆ 您購買本書的原因(可複選)

□內容吸引人 □主題特別 □促銷活動 □作者名氣 □親友介紹

□書名 □封面設計 □整體包裝 □贈品

□網路介紹，網站名稱＿＿＿＿＿＿＿＿＿＿＿ □其他＿＿＿＿＿＿＿＿＿

◆ 您對本書的評價(1.非常滿意 2.滿意 3.尚可 4.待改進)

　書名＿＿＿ 封面設計＿＿＿ 版面編排＿＿＿ 印刷＿＿＿ 內容＿＿＿

　整體評價＿＿＿

◆ 給予我們的建議：＿＿＿＿＿＿＿＿＿＿＿＿＿＿＿＿＿＿＿＿＿

廣　告　回　信
板 橋 郵 局 登 記 證
板橋廣字第８９１號
免　貼　郵　票

23145

新北市新店區寶興路45巷6弄5號6樓

好優文化出版有限公司

讀者服務部　收

請沿線對折寄回，謝謝。

. 健康百變冰塊 .

出色 Good Publish

請以膠帶封口